飯店客務客房服務與管理

孫茜 主編

崧燁文化

目錄

出版說明

前言

第 1 章 客務部概述

本章導讀

重點提示

第一節 客務部的基礎知識

一、客務部在飯店中的地位和作用

二、客務部的工作任務

第二節 客務部的組織機構和崗位職責

一、客務部機構設置的原則

二、客務部組織機構模式

三、客務部機構組成及主要職能

四、客務部主要管理崗位職責

第三節 客務環境

一、客務的分區布局

二、客務裝飾美化與微小氣候

第四節 客務部服務人員的素質要求

一、儀容儀表

二、儀態要求

三、言談話語

四、禮貌修養

五、能力和技能要求

本章小結

思考與練習

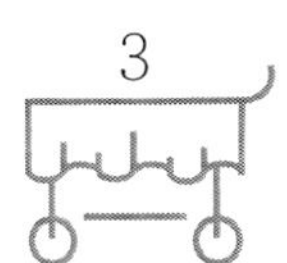

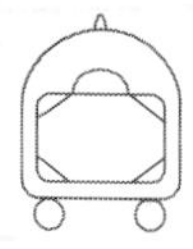

第 2 章 客房預訂
本章導讀
重點提示
第一節 預訂方式與種類
一、預訂方式
二、預訂種類
第二節 預訂程序
一、客房預訂途徑
二、預訂程序
三、預訂變更與取消
四、客人抵達飯店前的工作
第三節 預訂控制
一、超額預訂
二、預訂失誤控制
第四節 預訂推銷
一、預訂推銷方式
二、預訂推銷技巧
三、其他預訂服務
本章小結
思考與練習

第 3 章 禮賓服務
本章導讀
重點提示
第一節 應接服務
一、機場、車站迎送服務
二、飯店門口接送服務

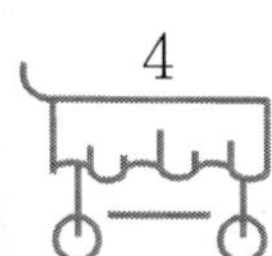

第二節 行李服務
一、散客行李服務
二、團隊行李服務
三、行李寄存
四、遞送轉交服務
五、換房行李轉送
第三節 委託代辦服務
一、衣物寄存服務
二、外修外購服務
三、尋人服務
四、訂車服務
五、雨具出租及保存
六、其他服務
七、金鑰匙（Concierge）服務
本章小結
思考與練習

第 4 章 前台接待服務
本章導讀
重點提示
第一節 入住接待程序
一、入住登記的目的
二、入境人員住宿登記的要求
三、散客入住接待程序
四、團隊客人入住接待程序
第二節 客房狀況控制
一、客房狀況的種類

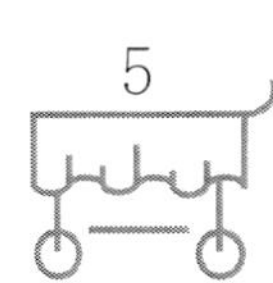

二、客房狀況的控制方法
第三節 問訊服務
一、查詢服務
二、留言服務
三、郵件服務
第四節 常見問題的處理
一、調換房間
二、更改離開飯店日期
三、遇到不良記錄客人
本章小結
思考與練習

第 5 章 商務中心及總機服務
本章導讀
重點提示
第一節 商務中心的服務
一、商務中心的主要服務項目
二、商務中心工作程序及要求
第二節 總機服務
一、總機的主要服務項目
二、總機工作程序及要求
本章小結
思考與練習

第 6 章 前台收銀管理
本章導讀
重點提示

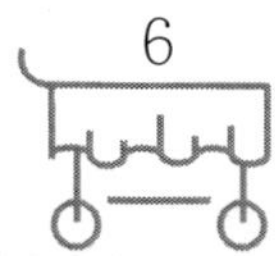

第一節 房價構成與房價種類
一、房價計價標準
二、服務費計價標準
三、房價種類
四、飯店計價方式
第二節 客帳管理
一、核收憑證及建帳
二、記帳
三、客帳結算
四、貴重物品保管
第三節 外幣兌換業務
一、外幣兌換服務程序
二、外國旅行支票
本章小結
思考與練習

第 7 章 客務銷售管理
本章導讀
重點提示
第一節 客務部的銷售策略
一、非價格競爭策略
二、價格競爭策略
第二節 客務部銷售價格的制定
一、價格制定的影響因素
二、客房定價方法
本章小結
思考與練習

第 8 章 客務溝通與質量管理
本章導讀
重點提示
第一節 客務溝通
一、溝通原理在飯店管理中的具體應用
二、客務部與飯店其他各部門的溝通、協調
三、客務部內部員工之間的溝通、協調
第二節 賓客投訴的處理
一、投訴的定義
二、投訴的原因
三、投訴處理的基本程序
四、投訴處理的基本原則
第三節 客務服務質量管理
一、客務服務質量的內容
二、客務服務質量的管理
三、客務全面質量管理
本章小結
思考與練習

第 9 章 客房部概述
本章導讀
重點提示
第一節 客房部的基本概念
一、客房部的概念
二、客房部的管理目標
三、客房部在飯店中的地位
第二節 客房的基本設備和用品

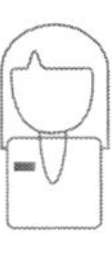

一、客房的類型

二、客房的功能空間和設備與布置

第三節 客房部的組織機構和崗位職責

一、客房部的組織機構

二、客房部的機構形態

三、客房部主要管理人員的崗位職責

本章小結

思考與練習

第 10 章 客房的對客服務工作

本章導讀

重點提示

第一節 對客服務質量的基本要求

一、衡量對客服務質量的標準

二、優質服務的基本要求

第二節 對客服務的內容和程序

一、住宿飯店客人的特點及對客服務要求

二、對客服務的內容和程序

本章小結

思考與練習

第 11 章 客房的清掃工作

本章導讀

重點提示

第一節 客房清掃的準備

一、客房清掃前的準備工作

二、客房清潔衛生品質標準

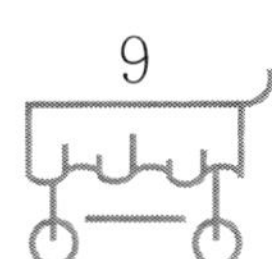

第二節 客房的日常清掃
一、客房清掃的內容
二、走客房和住客房的清掃程序
三、其他情況的客房清掃程序及要求
四、客房的消毒工作
第三節 客房清潔質量的控制
一、制定客房清潔整理的質量標準
二、制定檢查客房的程序和標準
本章小結
思考與練習

第 12 章 客房部設備用品管理
本章導讀
重點提示
第一節 客房物品與設備管理
一、加強客房物品設備管理的意義
二、客房設備物品使用前的準備工作
三、客房設備物品管理的方法
第二節 布件與日用品管理
一、布件的分類和配置標準
二、布件的管理
三、布件的消耗定額管理
四、客房日用品管理
五、日常管理
本章小結
思考與練習

第 13 章 客房安全管理

本章導讀

重點提示

第一節 火災及其他意外事故的防範及處理

一、火災發生的原因

二、火災事故的預防

三、火災事故的處理

四、其他意外事故的預防及處理

第二節 客房安全問題及防範

一、客房安全的侵害因素

二、客房安全工作的防範手段

第三節 勞動職業安全

一、職業安全培訓

二、客房職業安全管理

本章小結

思考與練習

附錄：飯店部分常用英語

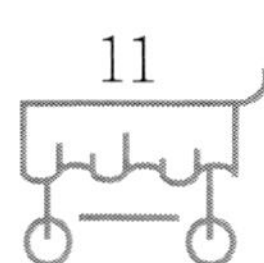

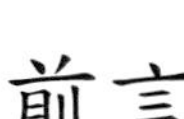

前言

隨著旅遊飯店業的發展，飯店從業人員的需求量日益增多，餐旅遊類學生已成為從業大軍中的主要力量。因此深化教育改革，突出以全面素質為基礎、以能力為本位的職業教育新觀念益發重要。根據高等教育要求和飯店行業特點，我們精心編寫了這本《飯店客務客房服務與管理》。

本書儘可能用關鍵詞或短語、圖表進行程序總結，幫助讀者更好地理解各章內容；補充案例分析、情景模擬指導，使學生能夠較直接地理解應掌握的內容，真正體現其實用性。

本教材配套的教學課件對於教材中的關鍵知識點，多採用圖片、表格等形式進行展現，便於讀者掌握理解，同時，也為教師組織學生討論提供了參考，便於教師鼓勵學生在探究學習中進行創新思考。

本教材在編寫過程中，得到了業內人士的幫助和指導，也參考了有關資料，在此表示衷心的感謝。本書的編寫分工為：孫茜第2、3、4、6、11 章，；洪艷第1、5、7、8章和課件製作；張玲第9、10、12、13章。

由於編者水準所限，書中難免存在不足之處，敬請廣大讀者指正。

編者

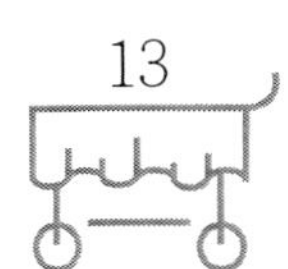

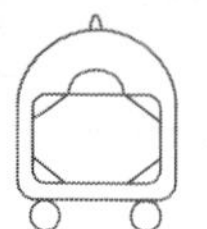

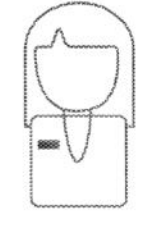

第 1 章 客務部概述

本章導讀

客務部（Front Office）是飯店對外的營業「窗口」，是聯繫賓客的「橋梁與紐帶」，是客人與飯店接觸的主要場所，也是留給客人第一印象和最後印象的所在地。客務部同時還是飯店的「大腦」和「神經中樞」，是現代飯店的關鍵部門，其運轉的好壞，直接影響整個飯店的服務質量、管理水準、經營效果和市場形象。

重點提示

透過學習本章，你能夠達到以下目標：

瞭解客務部的地位與任務

瞭解客務部組織機構與管理崗位職責

瞭解大廳布局及環境美化的要求

熟悉客務部人員的素質要求

導入案例

賀卡與鮮花

北京某飯店大廳，兩位外國客人向大廳副理值班台走來。大廳梁副理立即起身，面帶微笑地以敬語問候。坐定後兩位客人訴說起心中的苦悶：「我們從美國來，在這兒負責一個專案，大約要兩個月，可是離開了翻譯我們什麼也做不

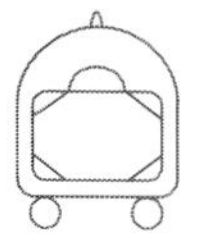

了。」小梁微笑著用英語說道：「感謝兩位先生光臨我店，使飯店熠熠生輝，這座歷史悠久的城市同樣歡迎兩位先生的光臨。有什麼我可以幫忙的兩位儘管開口。」熟練的英語所傳達的熱情一下子拉近了彼此間的距離。於是兩位客人更加詳細地詢問了當地的生活環境、城市景觀和風土人情。從長城到頤和園，從故宮到北京烤鴨，小梁耐心地娓娓道來。交談中，客人中的大衛先生還興致勃勃地談道：「早就聽說中國的生肖十分有趣，我是1968年10月24日出生的，經歷過一次車禍，大難不死，一定是冥冥之中屬相助佑。」

再過兩天就是10月24日。談話結束之後，梁副理立即在備忘錄上作記錄。10月24日那天一早，小梁就買了鮮花，並代表飯店在預備好的生日卡上填好賀詞，請服務員將鮮花和生日賀卡送到大衛先生的房間。大衛先生激動不已，連聲答道：「謝謝，謝謝貴店對我的關心，我深深體會到這賀卡和鮮花之中隱含著許多難以用語言表達的情意。我們在北京逗留期間感覺親切、愉快多了。」

分析

從這個案例我們可以看出，客務部在住宿飯店賓客心目中的重要位置，當住宿飯店賓客感到孤獨、無助、無奈時，首先想到求助於客務部，也由此看出客務服務的重要性。本案例中大廳梁副理對待兩位客人的做法，是站在客人的立場上，把客人當做親人的出色範例。

第一，設身處地，仔細揣摩客人的心理狀態。兩位美國客人由於在異國他鄉逗留時間較長，語言不通，深感寂寞。小梁深入體察、準確抓住了外國客人對鄉音的心理需求，充分發揮他的英語專長，熱情歡迎外國客人的光臨，進而自然而然向客人介紹了當地風土人情等，使身居異鄉的外國客人獲得了一份濃濃的鄉情。

第二，富有職業敏感，善於抓住客人的有關訊息。客人在交談中無意中透露出生日時間，小梁能及時敏銳地抓住這條重要訊息，從而成功地策劃了一次為外國客人贈送生日賀卡和鮮花的優質服務和公關活動，把與外國客人的感情交流推向了更深的層次。因此，善於捕捉客人有關訊息的職業敏感，也是飯店管理者和服務人員應該具備的可貴素質。

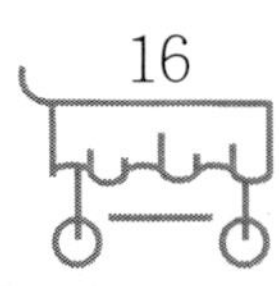

第一節 客務部的基礎知識

一、客務部在飯店中的地位和作用

客務部也稱大廳部、前台部，是飯店組織客源、銷售飯店客房及其他產品和服務、組織接待和協調各部門對客服務，並為客人提供客務各種服務的綜合服務部門。

客務部是飯店的重要組成部分，在飯店經營管理中具有非常重要的地位和作用。

（一）客務部是飯店形象的代表

客務部是飯店對外的營業窗口，有經驗的客人透過飯店客務的服務與管理就能判斷這家飯店的服務質量、管理水準和等級的高低。客務服務的好壞不僅取決於大廳的各項硬體設施，更取決於客務部員工的精神面貌、禮貌禮節、服務態度、服務技巧、工作效率等軟實力，其管理和服務水準直接影響飯店聲譽。

（二）客務部是飯店業務活動的中心

客務部是一個綜合性服務部門，所提供的服務貫穿於客人抵達飯店、住宿飯店和離開飯店的全過程，是飯店對客服務的起點和終點，是客人及社會公眾對飯店形成深刻的第一印象和最後印象的所在地。從心理學上講，第一印象和最後印象都是很重要的，客人往往帶著第一印象來評價飯店為其提供的服務，而最後印象的好壞直接影響客人對飯店的整體評價。

（三）客務部是飯店的訊息集散地

客務部猶如飯店的「神經中樞」，在很大程度上控制和協調著整個飯店的經營。客務部不但要向客人提供及時、準確的各類訊息，同時還要把有關客人的各種訊息準確地傳達至客房、餐飲、娛樂、財務等相關部門，協調各部門的工作，使各部門能夠有計劃地完成各自的服務接待任務。從客務部發出的每一條訊息、每一項指令，都將直接影響飯店對客人的服務質量。

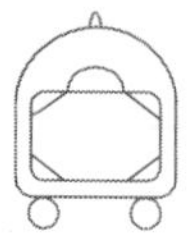

（四）客務部是飯店建立良好的賓客關係的重要環節

客務部在對客服務過程中，始終與客人保持密切聯繫。客人遇到疑難問題或疑惑之處時，通常都會找客務部員工聯繫解決，客人如果對飯店不滿也會到客務投訴。另外，客務部可以根據掌握的住宿客人的相關資料和訊息，協調相關部門為客人提供個人化、針對性的服務，提高賓客的滿意度，建立良好的賓客關係，提高飯店的經濟效益和美譽度。

（五）客務部是飯店創造經濟收入的重要部門

飯店的主要經濟來源是客房和餐飲，據統計，目前國際上飯店的客房收入一般占飯店營業總收入的50%左右，而客務部的主要任務之一就是銷售客房產品。同時，客務還可以透過商務、電信、票務等服務取得經濟收入。另外，客務部還擔負著推銷、宣傳、介紹飯店其他產品的職責。因此，客務部有效的運轉，可以使客人最大限度在飯店內消費，增加飯店經濟效益。

（六）客務部是飯店管理機構的參謀和助手

客務部每天都能收集大量關於市場變化、客人需求、產品銷售、營業收入等方面的訊息。客務部將這些訊息進行及時整理和分析後向飯店決策管理部門彙報，作為制定和調整飯店計劃及經營策略的重要參考依據，從而發揮飯店管理的參謀和助手的作用，為飯店決策提供了科學的依據。

二、客務部的工作任務

客務部的基本工作任務是最大限度地推銷客房及其他飯店產品，協調飯店各部門向客人提供優質滿意的服務，使飯店獲得理想的經濟收益和社會效益。客務部的工作任務主要包括以下幾項內容。

（一）銷售客房

客房是飯店的主要產品，客房收入是飯店收入的主要來源，客務部的首要任務就是銷售客房商品。客房商品一個顯著的特點就是不可儲存性，因此，客務員工必須盡力推銷客房產品，提高客房出租率和平均房價，實現客房的價值，增加

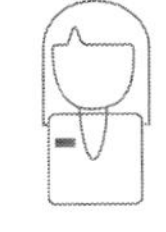

客房收入，提高飯店經濟效益。

（二）提供訊息

客務部是與客人接觸最多的部門，作為飯店的訊息中心，應隨時準備向客人提供其所需要和感興趣的店內外訊息。例如飯店服務項目、營業時間、服務價格、近期舉辦的各項活動；飯店所在地、所在國的商務、旅遊、交通等訊息。同時，客務部作為飯店的神經中樞，還要及時準確地收集飯店經營的外部市場訊息和內部管理訊息，分析處理後傳遞給飯店管理機構和其他相關部門，作為飯店經營決策的參考依據。

（三）協調對客服務

現代飯店是個有機整體，對客服務需要各個部門之間的協調合作，任何一個部門或環節出現差錯，都會影響飯店服務質量。客務部承擔著調度飯店業務和對客服務的協調工作。客務部應當及時將獲得的客人需求和投訴的訊息傳遞給有關部門，使各個方面能有效運轉，充分發揮作用，為客人提供滿意的服務。

（四）提供客務系列服務

客務部除了銷售客房外，還擔負著直接為客人提供系列服務的大量工作，服務範圍涉及機場和車站接送服務、行李服務、問訊服務、郵件服務、電信服務、商務中心服務、貴重物品保管服務、委託代辦服務等，其服務質量的好壞，直接影響客人對飯店服務的滿意程度。

（五）顯示、掌握客房狀況

客房狀況是指客房的使用情況。客務部在任何時候都要能夠正確地顯示客房狀況，為銷售客房提供準確的訊息，避免工作被動。另外，客務部應及時向客房部通報客房使用及未來的預訂情況，便於其工作和人員的安排。

（六）建立、管理客帳

為方便賓客消費，客務部在客人支付預付款或辦理入住手續時為客人建立客帳，客人憑藉信用證明（如房卡等）可以在飯店內各營業點簽單消費，消費項目

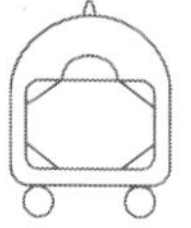

和金額記入客帳，當客人辦理離開飯店結帳手續時統一結算，從而提高飯店服務效率和賓客滿意度。

（七）建立客史檔案，整理和保存業務資料

客務部一般都要為住宿飯店客人建立資料檔案，記錄客人在飯店逗留期間的主要情況和有關訊息，掌握客人動態。客史檔案的建立，一方面可以為客人提供周到、細緻、有針對性的服務，另一方面也可以為飯店研究、分析客源市場，調整經營策略提供重要的依據，提高飯店的管理水準。

同時，客務部還應隨時整理、記錄、統計、分析、保存各項業務資料，為飯店的經營管理提供依據。

第二節 客務部的組織機構和崗位職責

一、客務部機構設置的原則

（一）設置合理

客務部組織機構的設置、崗位職責的劃分、人員的配備等應結合飯店自身的特點，如飯店的性質、規模、等級、經營管理方式等來確定。例如：規模小的飯店前台接待員可以同時承擔接待和問訊兩個工作崗位的職責，員工可以身兼數職；客務部還可以併入其他部，不再單獨設置。

（二）精簡高效

客務部在設置機構時，應遵循「因事設崗」的組織編制原則，既防止機構臃腫、人浮於事的現象，又要避免出現職能空缺的問題。同時，還要處理好分工與合作的關係，做到機構設置科學、合理，工作效率高。

（三）分工明確，統一指揮

客務部各職位、各員工的職責、權利和任務及上下級隸屬關係要明確和具體，保證內部訊息溝通渠道暢通，權責分明。既能做到統一指揮，又能充分發揮

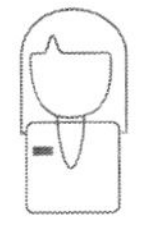

員工工作的積極性、主動性和創造性，從而提高工作效率。

（四）便於協作

客務部組織機構的設置不僅要便於客務各職位、各環節之間的溝通協作，同時還要利於與其他相關部門的業務協調與合作，真正發揮飯店「神經中樞」的作用。

（五）責權一致

責任是權利的基礎，權利是責任的保證。客務部應明確每個崗位的責任，同時賦予員工相應的權利，使員工能夠在自己的權責範圍內順利完成任務。權責不清將使工作發生重複或遺漏和推諉踢皮球現象，容易使員工產生挫折感。

二、客務部組織機構模式

客務部組織機構的具體設置應根據飯店的具體情況而定，目前，中國飯店常見的模式有三種。

（1）飯店設客房事務部或稱房務部，一般下設客務、客房、洗衣和公共衛生4個部門，客務部系統管理客人預訂、接待、住宿飯店過程中的一切業務，內部通常設有部門經理、主管、領班和服務員4個層次。這種模式一般為大型飯店所採用。（見圖1-1）

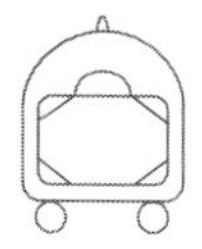

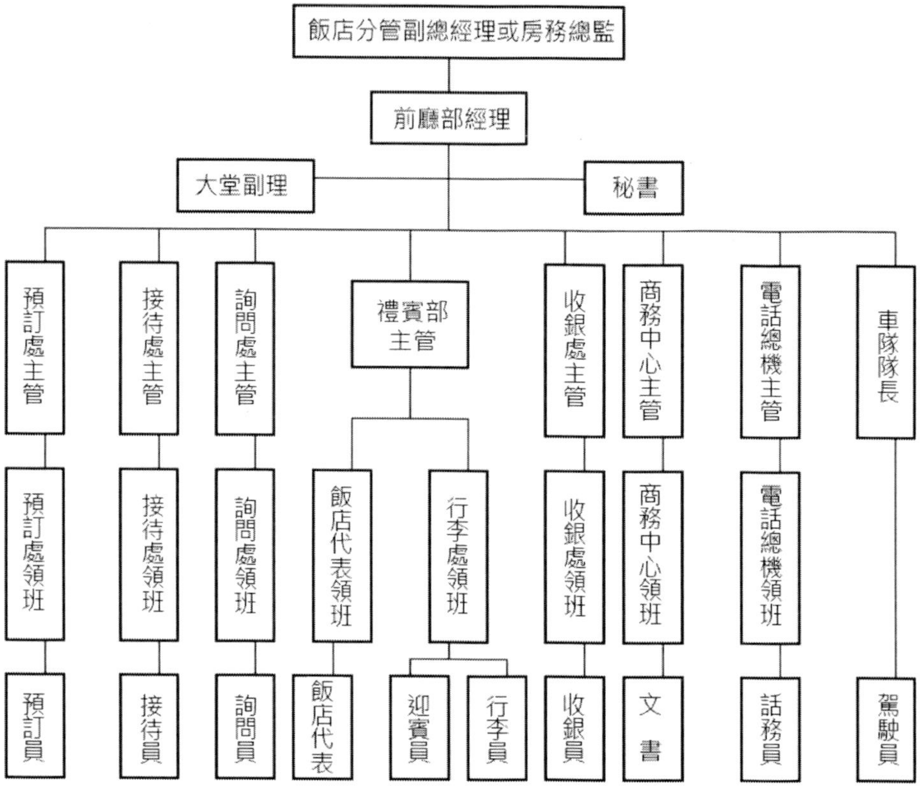

飯店分管副總經理或房務總監
前廳部經理
大堂副理
秘書
預訂處主管
接待處主管
詢問處主管
禮賓部主管
收銀處主管
商務中心主管
電話總機主管
車隊隊長
預訂處領班
接待處領班
詢問處領班
飯店代表領班
行李處領班
收銀處領班
商務中心領班
電話總機領班
預訂員
接待員
詢問員
飯店代表
迎賓員
行李員
收銀員
文書
話務員
駕駛員

圖1-1 大型飯店客務部組織機構圖

（2）客務部作為飯店的一個獨立部門，與客房部、餐飲部等部門並列，直接向飯店總經理負責。部門內設部門經理、領班、服務員3個層次。中型飯店和一些小型飯店一般採用這種模式。（見圖1-2）

前廳部經理
大堂副理
預訂領班
總台領班
行李處領班
電話總機領班
預訂員
收銀員
接待員
行李員
迎賓員
飯店代表
話務員

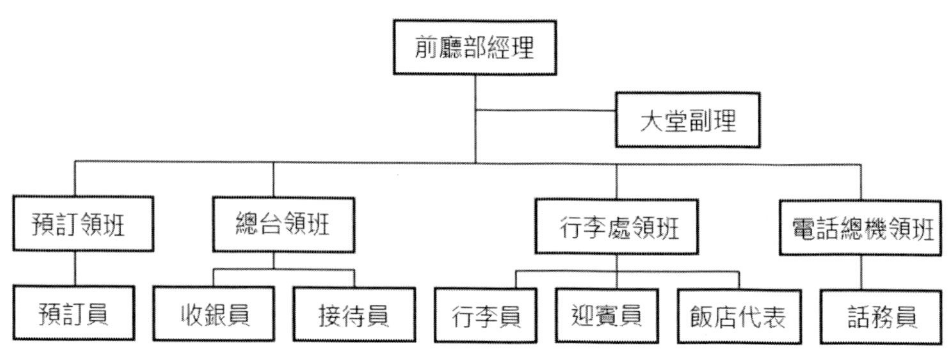

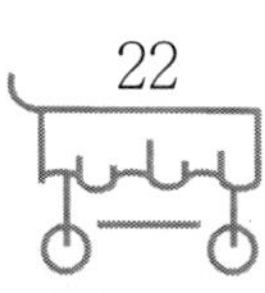

圖1-2 中型飯店客務部組織機構圖

（3）客務作為一個班組歸屬於客房部，不單獨設立部門，其功能由總服務台承擔，只設領班（主管）和櫃台服務員2個層次。小型飯店一般採用這種模式。但隨著市場競爭的加劇，為了給客人提供更周到的服務，強化客務的推銷和訊息中心的功能，發揮客務的參謀作用，許多小型飯店也增設了客務部。（見圖1-3）

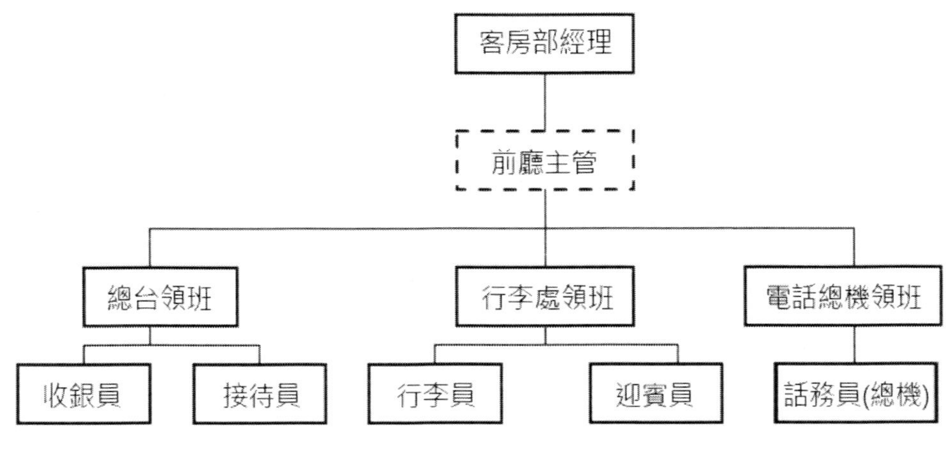

圖1-3 小型飯店客務部組織機構圖

三、客務部機構組成及主要職能

客務部透過內部各機構的分工協作共同完成工作任務，由於飯店規模、等級等的不同，客務部的業務分工、機構組成也不盡相同，但一般都設有下述主要機構。

（一）預訂處

預訂處（Reservation Desk）的主要工作任務是：根據飯店客房經營情況，接受、確認和調整來自各個渠道的房間預訂業務，辦理訂房手續；製作預訂報表，對預訂進行計劃、安排和管理；掌握並控制客房出租狀況；與相關部門協調，滿足客人的預訂要求；負責聯絡客源單位；定期進行房間銷售預測並向上級提供預訂分析報告。

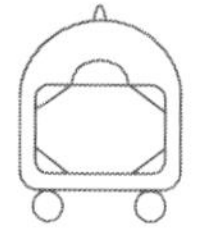

（二）接待處

接待處（Reception Desk）又稱「開房處」，負責接待抵達飯店住宿的客人，包括團體客人、散客、長住客、預訂客人以及無預訂客人；分配房間，辦理賓客住宿飯店手續；與預訂處、客房部保持聯繫，及時準確地掌握房態；製作客房銷售情況報表，掌握住宿飯店客人動態及訊息資料，協調對客服務等；為住宿飯店客人提供貴重物品的寄存和保管服務。

（三）問訊處

問訊處（Information Desk）負責回答賓客的詢問，提供飯店內外部各種相關的訊息；接待來訪客人；及時處理客人郵件；提供留言服務；保管客房鑰匙等。

（四）收銀處

收銀處（Cashier's Desk）亦稱結帳處，受理入住客人住房預付金；建立客帳；辦理離開飯店客人的結帳手續；同飯店各營業部門的收銀員和服務員聯繫，催收、核實帳單；及時催收客人拖欠的帳款；夜間統計審核全飯店的營業收入及財務情況，製作報表；提供外幣兌換。

（五）禮賓部

禮賓部（Concierge）的主要工作任務是：負責在門廳或機場、車站、碼頭迎送賓客；調度門前車輛，代客泊車，維持門前秩序；負責客人的行李運送，引領客人進客房，介紹客房設備與飯店服務項目；為客人提供行李寄存和託運服務；分送客人郵件、報紙，轉送留言、物品；傳遞有關通知單，代辦客人委託的各項事宜。

（六）電話總機

電話總機（the General Switchboard）的主要工作任務是：負責接轉電話；辦理國際、中國國內長途電話事宜；回答客人的電話詢問；提供電話找人、留言服務；受理電話投訴；提供叫醒服務和「請勿打擾」（DND）電話服務；播放背景音樂；充當飯店出現緊急情況時的臨時指揮中心。

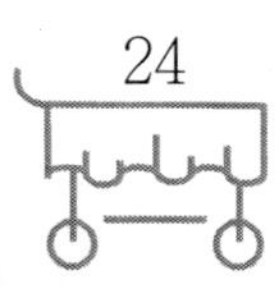

（七）商務中心

商務中心（Business Centre）的主要工作任務是：根據客人需要提供訊息及祕書服務，為客人提供影印、打字、傳真、長途電話以及網際網路服務等商務服務。

（八）大廳副理

大廳副理（Assistant Manager）對外負責處理日常賓客的投訴和意見，聯絡與協調飯店各有關部門對客人的服務工作，協助解決賓客緊急或難辦的事情，協調飯店各部門與客人的關係，檢查貴賓房和迎送貴賓的接待工作；對內負責維護大廳環境、大廳秩序和安全，處理意外或突發事件，對各部門的工作起監督和配合作用。

四、客務部主要管理崗位職責

（一）客務部經理職責

客務部經理是客務部運轉的指揮者，全面貫徹執行飯店的經營方針和各項規章制度及上級決策，負責客務部的日常管理，保證客務部提供高效、優質的服務，完成飯店下達的經營管理指標。

（1）向總經理、主管副總經理或房務總監負責，貫徹執行飯店的指令，提供訊息，協助上級決策。

（2）根據飯店年度計劃，制定本部門工作計劃、預算和各項業務指標，並確保各項計劃任務的完成。

（3）檢查督導本部門各崗位工作運行狀況，確保客務服務秩序正常，工作高效、規範。

（4）每天審閱各種報表，準確掌握客房預訂、銷售情況，為飯店長官和銷售等有關部門提供決策依據。

（5）經常徵求客人的意見和建議，加強和發展與客人的和諧關係。

（6）負責員工的挑選、培訓、考評和激勵等工作，保持員工的工作積極性。

（7）監督、檢查本部門的衛生、消防和安全工作。

（8）組織、主持客務部例會，布置工作，聽取彙報。

（9）批閱大廳副理處理投訴的記錄，親自處理重要客人的投訴和疑難問題。

（10）掌握每天客人抵離數量，檢查重要客人和團隊的接待工作，包括安排住宿、查房及迎送等。

（11）協調客務部與其他部門的業務關係，進行良好溝通，保證客務部各項工作順利進行。

（12）完成飯店長官臨時交辦的各項任務。

（二）大廳副理職責

大廳副理也稱大廳值班經理，協助客務部經理指導和檢查客務各崗位的工作；代表總經理受理客人投訴，接待VIP貴賓，妥善處理客務關係，並承擔責任。

（1）協助客務部經理對大廳各項工作進行管理，協調與客務有關部門的工作。

（2）代表總經理做好VIP客人和團隊的接待與送行工作。

（3）回答客人詢問，提供必要的協助；受理客人投訴，與相關部門溝通合作，積極予以解決，並作詳細記錄。

（4）經常主動拜訪賓客，溝通感情，徵求客人意見，建立良好的客務關係。

（5）對衣冠不整、行為不端者予以勸阻，對不聽從勸阻者報保衛部處理。

（6）負責維護客務秩序，確保大廳環境良好，並始終保持客務良好的對客服務紀律和秩序。

（7）完整、詳細地記錄值班期間VIP貴賓接待、客人投訴處理等工作情況。

（8）負責協調處理緊急或突發事件，如停電、火警、偷盜、損壞財物、客人逃帳、客人傷病或死亡等，並立即報告有關部門。

（9）對於重大投訴要立即報告客務部經理和品檢部門，定期進行投訴統計分析並上報。

（10）完成飯店長官臨時委託的各項任務。

（三）前台接待主管職責

接受客務部經理領導，具體負責組織飯店客房商品的銷售和接待服務工作，確保接待工作正常開展，提供優質服務，提高工作效率。

（1）向客務部經理負責，參加客務部經理主持的例會，對接待處進行日常管理。

（2）閱讀有關報表，瞭解當日房態、當日預訂情況、VIP客人情況、店內重大活動等事宜，參與VIP客人的排房和接待工作等重大活動。

（3）檢查、落實重要賓客、團隊、大型接待活動的準備情況，確保賓客用房。

（4）參與客務接待服務，解決疑難問題，減少工作差錯。

（5）靈活掌握房價折扣，努力確保飯店最大利益。

（6）監督檢查下屬員工的工作情況，做好下屬的思想教育，對下屬員工進行有效的培訓和考核，調動員工的工作積極性。

（7）充分合理利用人力資源，安排員工班次。

（8）協調與相關班組和部門之間的關係，保證對客服務質量。

（9）負責接待處安全、消防工作。

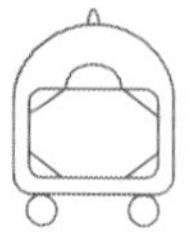

（10）完成上級長官交辦的其他工作。

（四）禮賓主管職責

禮賓主管負責具體指揮和督導下屬員工對客服務工作，為客人提供高質量、高效率的服務，確保各項工作正常運轉。

（1）向客務部經理負責，對禮賓部日常工作進行管理。

（2）閱讀有關報表，掌握當日抵離開飯店客人數量、旅行團隊數、飯店內重大活動，參與VIP客人的迎送及相應服務。

（3）合理使用人力資源，安排員工班次。

（4）監督檢查下屬員工的工作情況，做好下屬的思想教育，對下屬員工進行有效的培訓和考核，調動員工的工作積極性。

（5）協調與相關班組和部門之間的關係，保證對客服務質量。

（6）向賓客提供其他必要協助。

（7）完成上級長官交辦的其他工作。

第三節 客務環境

飯店客務是指包括正門、大廳、總服務台及位於大廳的樓梯、電梯、公共廁所等在內的屬於客務部管轄的接待服務場所。客務是客人進出飯店的必經之處和活動彙集場所，是飯店建築的重要部分，是客人對飯店產生第一印象的重要場所。

一、客務的分區布局

飯店客務的布局與環境應該能夠在細微之處透露出對客人的關懷，方便客人，同時還要體現出飯店的等級、服務特點及管理風格，對客人有較強的吸引力。

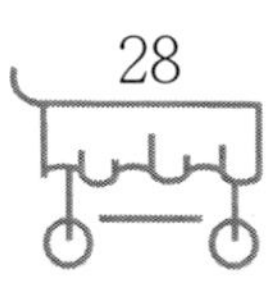

（一）客務的布局原則

1.分區原則

按功能劃分，客務可分為正門及人流線路、客人的自由活動區、飯店員工的活動及工作區、飯店營業點（大廳吧等）、店外單位駐飯店業務點（旅行社及郵局等）、公共通道、裝飾布置區、設施及圖形符號區、保管及存放區（貴重物品寄存間和行李保管間）、公共廁所等。

2.效益原則

客務的布局應考慮投資效益，不能一味地追求豪華與美觀。

3.漸變原則

客務隨著功能區的不同，設計風格也應有所變化，但風格的變化應緩慢進行，不露痕跡。

4.特色原則

客務的布局應展示出飯店的文化特色、規模特色、經營風格等特色。

5.綠色原則

客務的布局應符合環保的要求，考慮降低能源消耗和汙染。

6.管理原則

客務的布局應既方便客人又利於管理，減少管理成本。

7.安全原則

客務在布局時要有利於保障客人、員工及飯店的人身和財產的安全。

（二）客務的構成與布置

1.飯店入口處

飯店入口處是人來車往的重要「交通樞紐」，應當交通暢達。同時要新穎、有氣派，對客人有較強的吸引力，有迎接客人的氣氛。

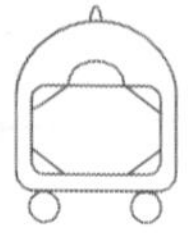

2.飯店大門

飯店大門通常由正門和邊門構成，一般可分為拉門、旋轉門和自動門。大門可設置雙層門，造成節約能源、保持大廳清潔的作用。

3.公共活動區域

客務公共活動區域的風格、面積必須與飯店的規模和星級相適應，保證有足夠的空間供客人活動。客務公共面積（不包括任何營業區域的面積）與飯店客房數成一定比例，約為0.4～0.8平方公尺／間。

4.總服務台

總服務台（也稱為櫃台、前台）是為客人提供接待、問訊、結帳等客務服務的接待機構。櫃台的設計要根據飯店的不同等級、規模和類型而定，充分發揮其最大的功能和效率。

櫃台要設置在大廳醒目的位置，其大小應根據崗位職責、客務面積、飯店客房數量及飯店的等級來確定，風格要與客務的總體風格相協調。

5.大廳副理處

大廳副理的辦公地點，應設在大廳較為顯眼但又安靜的部位，通常放一張辦公桌、一張辦公椅和兩張客用坐椅，布置要雅緻，配以柔和的燈光，有利於大廳副理處理各種事務。

6.行李處

行李處一般設置在大門內側，使行李員能夠儘早看到客人或汽車進入通道，以便及時迎接客人。值班台後面一般設置行李房，為客人提供行李寄存服務。

7.公用洗手間

大廳內應設置客用廁所。廁所要寬敞、衛生、無異味。

飯店內外各種設施均應配置符合國家標準設計規範及行業管理規定的標誌牌、路標、提示牌等，這些標誌必須設置在醒目的位置。總之，客務的布局既要考慮客務各崗位的職責，滿足客人的需要，又要保持客務寬敞、典雅的氣氛。

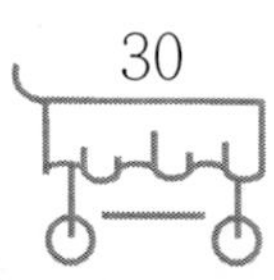

二、客務裝飾美化與微小氣候

為了創造客務良好的氣氛，必須重視客務的裝飾美化，體現民族風格和地方特色，形成飯店自己的格調、氛圍，提高飯店的競爭力。同時，客務的微小氣候應符合公共場所環境質量標準，保持客務舒適的環境和氣氛。

（一）光線

客務內光線要適宜，自然光和燈光相協調，達到良好的光照效果。大廳一般採用高強度的華麗吊燈，休息處設有立燈或檯燈，便於客人活動，形成優雅的格調。工作區域使用照明度偏高的燈光，創造一種適宜的工作環境。

（二）色彩

色彩是美化環境的最基本要素之一。不同區域搭配不同色彩，以滿足不同區域的功能，適應服務員工作和客人休息對環境的不同要求。客人主要活動區域以暖色調為主，以烘托豪華、熱烈的氣氛；而客務服務員的工作區域，色彩應稍冷些，使人能有一種寧靜、平和的心境。

（三）溫度、濕度及通風

飯店客務的溫度、濕度及通風既要滿足客人的需要，又要達到節約能源、綠色環保的要求。客務冬季溫度應不高於20℃，夏季應不低於26℃（具體情況參照中國南、北方氣候差異及本地區適用標準）；相對濕度應保持在40%～60%，濕度過大或過小，都會使人感到不快。通風是為了保持大廳內空氣清新，通常大廳內新風量不低於160立方公尺／人小時；大廳內空氣質量的標準為：一氧化碳含量不超過5毫克／立方公尺，二氧化碳含量不超過0.1%，可吸入顆粒物不超過0.1毫克／立方公尺，細菌總數不超過3 000個／立方公尺。

（四）噪音

如果客務內噪音超過人體感覺舒適的限度，會影響客人休息，降低員工工作效率。飯店員工在工作交談時，聲音應儘量輕些，背景音樂的音量應在5分貝～7分貝，大廳內噪音一般應不超過50分貝。

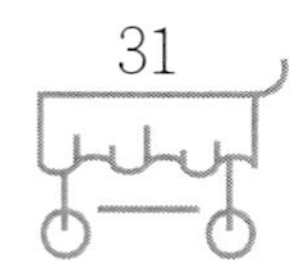

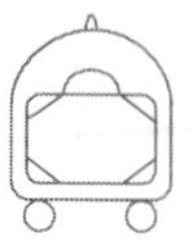

第四節 客務部服務人員的素質要求

客務部的員工直接面向客人服務，工作繁雜，與客人接觸面廣，擔負著「飯店外交大使」、「飯店公關代理」等多種角色。高素質的客務員工是創造飯店氣氛的積極因素，因此，客務員工應具備完成客務工作所要求的基本素質。

一、儀容儀表

客務部員工的儀容儀表反映了飯店的精神風貌，反映出客務部員工良好的素質和修養、對工作的自信和責任感，能夠給客人留下深刻的印象和美好的回憶。客務員工儀容儀表的主要要求如下：

（1）員工在崗位上要儀態大方、精神飽滿、笑容可掬、充滿自信。

（2）按規定著裝，服裝熨燙平整，美觀合體，乾淨整潔，無汙漬、皺褶，無破損，不開線，不掉扣。

（3）鞋襪潔淨，黑色皮鞋光亮。男員工襪子一般為黑色，女員工襪子顏色應與膚色相近，襪口不外露。

（4）服務名牌端正地佩戴左胸前統一位置，無亂戴或不戴現象。

（5）常修邊幅，時刻保持整齊、潔淨的面容。男員工經常剃鬚，女員工化淡妝，不可濃妝艷抹。

（6）髮型美觀大方，頭髮乾淨。男員工不留長髮、大鬢角，以髮腳不蓋過耳部及後衣領為適度，；女員工不梳披肩髮，避免使用色澤艷麗、形狀怪異的髮飾。

（7）不戴戒指、項鏈、手鐲、手鏈、耳環等飾物，可以戴手錶和結婚戒指。

（8）勤洗澡洗手，勤換衣服，勤修指甲，女員工不得塗有色指甲油。

（9）每天刷牙漱口，上班前禁止吃異味食品（如蔥、蒜等），保持口腔清

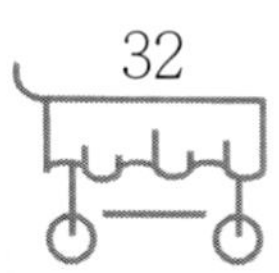

潔。

二、儀態要求

儀態是指人們行為的姿勢和風度。姿勢是指身體在站立、就座、行走時所呈現的特徵以及各種手勢、面部表情等；風度主要是指人的精神氣質等在舉止姿態中的表露。客務部員工的儀態，主要指在工作中的舉止，包括站立、坐的姿勢，走路的步態，對客人的態度，語言的運用以及面部表情等。

（1）舉止要端莊穩重、落落大方，表情自然誠懇、和藹可親，充滿對客人的誠摯關懷，做到不卑不亢。

（2）站姿要挺拔。客務部員工一般為站立服務，正確的站姿是：直立站正，身體重心在雙腳之間，雙眼平視前方，略微挺胸、收腹，雙肩舒展。男員工雙腳與肩同寬、自然分開，女員工兩腳成「丁」字步站立，身體不倚不靠。兩手自然下垂，前交叉或背後交叉相握。

（3）坐姿要端正。正確的坐姿是：端坐，腰部挺直，胸前挺，雙肩自然放鬆，坐在椅子三分之二部位，不要坐在椅子邊沿，雙腿併攏，雙手放在膝蓋上，不得在椅子上前俯後仰，搖腿、蹺腳或跨在椅子、沙發扶手或桌角上。當有客人來時，應立即起立接待。

（4）行走要輕盈。正確的走姿是：上體正直，抬頭，兩眼平視前方，兩臂自然擺動，雙肩放鬆，不要搖頭晃肩、身體亂擺動。服務員在大廳等區域不要多人並排行走，應順沿邊地帶，應主動示意、禮讓客人先行，不與客人爭道強行，因工作需要必須超越，要禮貌致歉。

（5）服務員的手勢要求規範適度。正確的手勢是：為客人指示方向時，將手臂自然前伸，上身稍前傾，五指併攏，掌心向上，目視所指方向；與客人談話時手勢不宜多，幅度不要過大，切忌用手指或筆桿指點。另外，在使用手勢時還要尊重各國不同的習慣。

（6）在客人面前，要防止出現整理個人衣物或頭髮、打哈欠、伸懶腰、挖

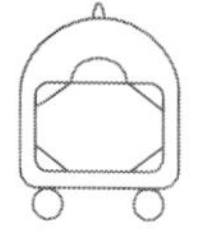

耳鼻、打嗝、化妝、修指甲、吸菸、哼歌曲等不禮貌行為。

（7）要有適宜而豐富的表情。為客人服務時，不應流露出厭煩、冷漠、憤怒等表情，不得扭捏作態、吐舌、做鬼臉。更不得有經常看手錶等小動作。

三、言談話語

（1）每次與客人、同事、長官見面時，都應主動打招呼問好。做到「六聲」：來有迎聲，離有送聲，體貼他人有問候聲，受到表揚有致謝聲，工作不足有致歉聲，為他人辦事有回聲。

（2）與客人談話時必須站立，保持0.8公尺～1公尺的間隔，目光注視對方面部，保持表情自然並微笑。

（3）談話時語調悅耳、清晰；語言準確、充實；語氣誠懇、親切；聲音高低適中。

（4）回答客人詢問時，表達要準確、清楚，語言簡潔，使用普通話。

（5）不說與服務無關的話，不要談及對方不願提到的內容或隱私。

（6）不得以任何藉口頂撞、挖苦、諷刺客人。

（7）回答問題時不能說「不知道」，應積極、婉轉地回答問題。

（8）任何情況下都不得與客人爭吵，即使客人不對也應控制情緒，避免衝突，牢記「客人永遠都是對的」，事後如實報告上級。

（9）忌中途打斷客人講話，應讓客人講完後再作答。

（10）接聽電話時，應主動報出職位，致以問候，再徵詢客人要求。

（11）因工作原因需暫時離開面前的客人時，要先說「對不起，請稍候」，回來繼續為客人服務時，應主動表示歉意「對不起，讓您久等了」。

（12）掌握並熟練運用一兩門外語。

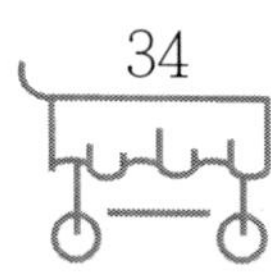

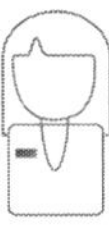

四、禮貌修養

客務部員工的禮貌修養能突出反映服務員的職業道德水準和文明服務程度。服務工作中的禮節禮貌貫穿於各個環節，與客務服務有關的主要有以下一些。

（一）稱呼禮節

稱呼禮是指服務接待人員在與客人或他人接觸過程中交談、溝通訊息時，應恰當使用稱謂。國外常用的稱呼是「先生」、「夫人」、「小姐」、「女士」。通常使用「先生」一詞稱呼男性客人。在知道客人姓名後，可以將姓名和尊稱搭配使用。

（二）問候禮節

問候禮是服務接待人員在日常工作中結合時間、場合及對象的特點，恰當使用向客人表示親切問候、關心及祝願的語言。例如客人來到你的工作處，要根據不同時間問候，然後說：「您有什麼事需要我辦嗎？」在節日、生日等喜慶之時可以說：「祝您新年好運！」、「祝您生日快樂！」、「聖誕快樂！」等。

（三）應答禮節

應答禮指服務人員同客人講話時的禮節。解答問題時必須起立，語氣溫和耐心，雙目注視對方，集中精神傾聽。處理問題時，語氣要委婉。與客人談話態度要誠懇、自然、大方。

（四）迎送禮節

迎送禮是指服務接待人員在迎送客人時所表現的禮儀行為。做到「客人來時有歡迎聲，客人走時有道別聲」。對重要客人和團體，必要時應由客務部經理或飯店總經理出面，組織飯店員工在門口列隊迎送。

（五）操作禮節

操作禮是指服務接待人員操作時所表現出的有動作特性、職位特點以及能給客人帶來便利和心理滿足的禮儀行為。客務部員工服務接待時要注意「三輕」，即說話輕、走路輕、操作輕。在引領客人時，應走在客人側前方二三步處（約

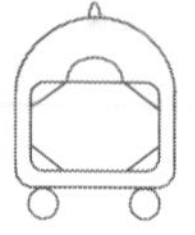

1.5公尺），並注意招呼客人。

五、能力和技能要求

客務部員工代表飯店接待客人，要具備較強的工作能力和專業技能，才能給客人留下美好的印象。

（一）敏銳的觀察力

客務部員工的準確觀察是為客人主動服務的基礎，要努力培養準確、敏銳的觀察力。

（二）較強的記憶力

客務部員工除了記憶比較複雜的接待服務操作規程以及飯店設施、服務簡介、景點、交通等問訊服務常識以外，還要熟悉回頭客及老客戶的相貌特徵、單位及姓名等，並能積極主動地提供有針對性的服務。

（三）敏捷的思維能力

客務部員工要學會透過觀察客人外表、表情等變化，及時、準確地推斷出客人的心理。並根據客人身分、職業、宗教信仰等特點，有針對性地提供個人化服務，使客人獲得最大滿意。準確揣摩客人心理，實際上就是指觀察、分析、推斷客人心理的思維過程。

（四）良好的情感自控能力

客務部員工應學會控制自己的感情和調節自己的心境，不把情緒帶到工作中，尤其要理智對待個性強的客人。

（五）靈活的應變能力

客務部員工的工作對像是形形色色的賓客，其文化背景、自身素養、生活習慣、國籍身分、價值觀等都有很大不同，隨時會出現偶發事情。這就要求客務部員工具有較強的妥善處理各種突發事件的應對能力，在不損害飯店利益和形象的前提下，達到客人滿意的結果。

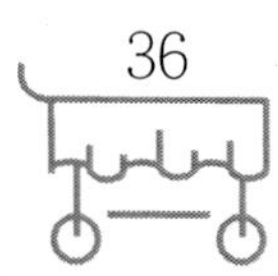

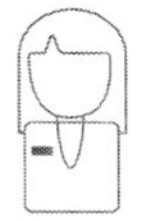

（六）堅強的意志

客務部員工與各國、各地區、各階層、各種身分及各種文化層次的客人接觸，其意志是否堅強，對做好接待服務工作意義極大。因此，客務部員工要富於進取，培養良好的職業責任心、堅強的意志和良好的品質。

（七）語言交際能力

客務部員工要培養並掌握語言技巧，使客人信任飯店，願意接受服務。正確、中肯、友善的語言，可以避免客人產生疑惑、誤會或曲解。客務部員工語言表達能力強，還有助於預訂和二次推銷。經常接待外賓的客務部員工，還應能夠使用相關外語為客人服務，同時進行有效的溝通。

（八）推銷能力

客務部的主要工作就是推銷客房商品，因此，客務部員工要有強烈的推銷意識和過硬的推銷技巧。

（九）熟練的業務操作能力

客務部員工必須能夠熟練、準確地按程序完成本職工作，為客人提供高效、滿意的服務。

此外，客務部員工還應具備較廣的知識面、良好的工作態度、穩定的心理素質和較強的計算能力、判斷能力、溝通協調能力、人際關係能力等。

案例討論

住不起房的年輕人

傍晚，某五星級飯店大廳的前台接待員小沈正在值班。這時她看到一個外國青年朝飯店大門走來。青年進入大廳，看了看四周，又看看自己很髒的運動鞋，停住了腳步。猶豫了一會兒，他還是走到了櫃台：「請問，這兒有比較廉價的房間嗎？」還未等小沈回答，他又說道：「我想你們這邊一定沒有我要的那種房間。」聽完青年的話，小沈友好地對他說：「也許我們這家飯店沒有您需要的房間，但是我們還有另外一家飯店。」聽到這裡，青年充滿希望地問：「那麼單人

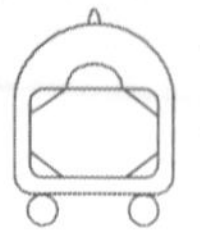

間住一晚要多少錢？」「大概200元左右，您覺得怎麼樣？」青年的臉上露出了一絲為難，說：「我是一個窮留學生，要住好幾天，這個房價恐怕還是偏高，我看算了。」說著就往外面走去。小沈看到外面天色已晚，客人又是一個人生地不熟的外國客人，想了想，追了上去：「請等一等，我知道這附近小巷裡有一家不錯的青年旅館，單人房的房價在70元左右，如果您願意的話，我可以派一名服務員帶您過去。」青年聽到這個消息，臉上立刻露出了笑容：「啊，真是太好了，太感謝你了。我以後一定給你個驚喜。」小沈說：「不必客氣，能給您提供幫助我感到很榮幸。」

幾天後，飯店櫃台來了一老一少兩個外賓。正在值班的小沈驚奇地發現那個年輕的外賓正是那個窮留學生，只是今天他一身整齊的西裝，與那天的情況完全不同。見到小沈，年輕的外賓說：「謝謝你，那天要不是你，我可能要流落街頭了。這是我父親，他在中國有一家不錯的藥品分公司，不過我還是靠自己打工留學的。正好過幾天我父親的公司有一個為期10天的重要會議要召開，我向他介紹了你們飯店，今天過來看看，想把公司的會議安排在這邊。我父親說如果這次感覺好，以後活動都可以放在這邊。」

聽了年輕外賓的一番話，小沈為自己給飯店贏得了一個大客戶感到高興，連忙說：「謝謝你們如此關照，我代表飯店感謝你們的信任，我們一定會盡全力做得讓您滿意的。」隨後，給客人辦理了預訂。

問題

1.我們應如何對待住不起房的客人？

2.透過這個案例，我們得到哪些啟發？

本章小結

本章重點介紹了客務部的基礎知識、客務部的機構設置和主要管理職位職責、客務布局及環境美化、客務部員工的基本素質要求的相關知識。瞭解這些內容為學生進一步學習和研究飯店客務部門管理和服務工作明確了方向，有利於他

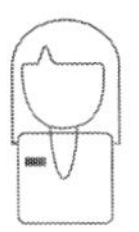

們畢業後快速勝任客務部相關管理工作。

思考與練習

□知識思考題

1.客務部的地位、作用及主要任務有哪些？

2.客務部的機構設置應遵循哪些基本原則？

3.客務部經理有哪些主要職責？

4.客務部員工應具備哪些素質與要求？

□能力訓練題

1.參觀當地幾家不同星級的飯店，比較客務的環境、布局及櫃台的特點；觀察客務工作人員的工作流程及工作表現。

2.訪問其中一家飯店的大廳副理，談談你對客務及飯店工作的認識。

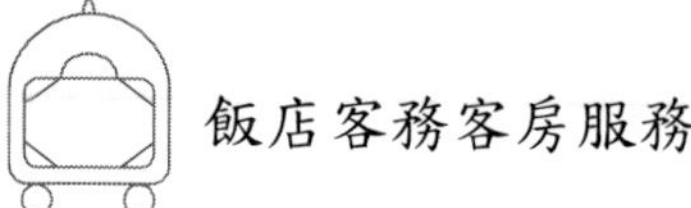

第2章 客房預訂

本章導讀

每位客人都希望在開始旅行之前，對整個行程所需的各項設施預先作好安排，以免在旅途中因某項設施得不到保證而耽擱行程。飯店預訂工作可以保證客人住宿的需求。對飯店而言，預訂不僅可以使飯店提前作好接待準備，為客人提供滿意的服務，還可以提前占有客源市場，獲得更大的經濟效益。

重點提示

透過學習本章，你能夠達到以下目標：

熟悉客房預訂的方式和種類

掌握客房預訂的程序、要求

理解預訂及超額預訂的含義與作用

熟悉客房預訂中失約行為的處理方法

導入案例

是王先生還是汪先生

11月25日，一名王先生打電話給飯店訂房處，聲明：「我是你們飯店的一名常客，我姓王，我想預訂11月29日至30日2916號房間兩天。」預訂員小李當即查閱了29～30日的預訂情況，表示飯店將給他預留2916房至11月29日下午18：00。

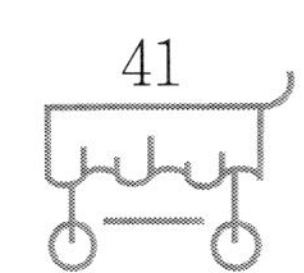

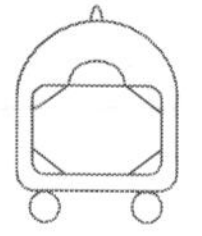

11月29日下午15：00，王先生和他的一位朋友來到飯店，出示證件要辦手續。接待員小方查閱了預訂後說：「對不起，王先生，您沒有預訂啊？」

「怎麼可能，我明明在四天以前就預訂了。」「對不起，我已經查閱了，本飯店的2916房間已出租，入住的是一位汪先生，請問您是不是搞錯了？」「不可能，我預訂好的房間，你們也答應了，為什麼這麼不講信譽？」接待員小方一聽，趕緊核查預訂。原來預訂員一時粗心把「王」與「汪」輸入錯誤，當汪先生登記入住時，小方認為這就是預訂的客人，隨手就把汪先生安排進了2916房間。接待員小方向王先生抱歉地說：「王先生，實在抱歉，您看這樣行不行，您和您的朋友就入住2919 房間吧，2919房間的規格標準與2916房間完全一樣。」王先生很生氣，認為飯店有意欺騙他們，立即向大廳副理投訴……

分析

從案例中我們不難發現，由於預訂員小李在接受電話訂房時疏忽大意，致使客人抵達飯店後不能順利入住，因而投訴飯店。作為飯店的服務窗口和神經中樞的接待部門應該吸取教訓。

第一節 預訂方式與種類

客房預訂（Room Reservation）是指客人在抵達飯店前與飯店客房預訂部門所達成的訂約，也叫訂房。飯店根據客人的要求以及飯店客房情況，決定是否滿足客人預訂的要求。客房預訂是飯店的一項重要業務，可以最大限度地利用客房，更好地預測未來的客源情況，提高客房出租率，獲得更好的經濟效益。

一、預訂方式

預訂處每天都能收到很多客人預訂，由於客人預訂的緊急程度和預訂條件的限制，預訂的方式多種多樣，主要可以分為以下幾種。

（一）電話、傳真訂房

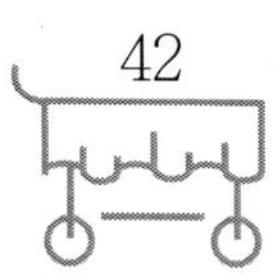

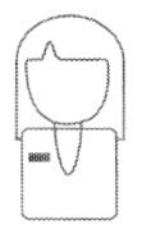

客人使用電話（Telephone）訂房的方式最為廣泛，這種方式的優點是直接、簡便、快捷，飯店可以當場回覆和確認客人的訂房要求，使雙方達成有效的溝通。預訂員可以透過電話預訂，詳細瞭解客人訂房的要求，並可以根據飯店的實際情況，向客人進行促銷。預訂員要準確掌握客房預訂狀況，在受理電話預訂時，必須先聽清客人的要求，再給預訂客人明確的答覆，並及時記錄，通話結束前，重複客人的預訂要求，請客人確認，避免出現差錯。

傳真（Fax）訂房是當今最理想的預訂方法之一，除了具有電話訂房的優點外，還可以使客人與飯店之間交換各自的資料及要求，不易出現訂房糾紛，同時預訂資料可成為客史檔案資料及合約的證明文件，保證飯店和客人雙方的利益。

（二）面談訂房

面談（Interview）訂房是預訂員與客人面對面地洽談訂房事宜，詳細瞭解客人的訂房要求及注意事項。可以根據客人喜好，進行有針對性的促銷，還可以透過向客人展示客房幫助客人作出決定。採取此種預訂方法安全、可靠。

（三）口頭訂房

口頭（Verbal）訂房是客人委託他人直接到飯店櫃台，以口頭申請的方式訂房，其準確性較難控制，所占比例也不是很高。

（四）網際網路訂房

網際網路（Internet）訂房是目前較為先進的訂房方式。透過網路，客人可以得到圖文並茂的訊息資料，對飯店有更多的瞭解。網路預訂具有訊息傳遞快、可靠性強、費用低廉等特點，被越來越多的客人所採用。

二、預訂種類

儘管預訂方式多樣，但通常將預訂概括為臨時類預訂、確認類預訂和保證類預訂、等待類預訂四種類型。

（一）臨時類預訂

臨時類預訂（Advanced Reservation）是客房預訂種類中最常見、最簡單的一種，是指客人在即將抵達飯店前很短的時間內或在抵達飯店當天才聯繫的訂房。由於時間緊迫，飯店一般只給予口頭確認，並且飯店也無法要求客人預付訂金。

按照國際慣例，飯店為臨時類預訂客人將房間保留至抵達飯店日18：00，這個時限被稱為「留房截止時限」、「截房時間」或「取消預訂時限」（Cut-off Time），超過18：00以後還沒有抵達飯店且客人沒有提前與飯店再聯繫，預訂即自動取消。受理臨時類預訂時，要問清客人抵達飯店時間或航班次，提醒客人截房時間並注意應重複客人的訂房要求，請客人核對。

（二）確認類預訂

確認類預訂（Confirmed Reservation）是指客人提前較長的時間向飯店提出訂房要求，飯店以口頭或書面方式承諾為客人預訂保留客房到某一事先約定的時間。如果客人到了規定時間沒有到達，也沒有提前與飯店聯繫，飯店有權將保留的客房出租給其他客人。

確認預訂的方式有兩種：口頭確認和書面確認。相比較而言，書面確認具有較多的優點：

（1）再一次證實飯店接受了客人的訂房要求。

（2）以書面的形式達成協議，確立並約束了雙方關係。

（3）飯店可以透過書面確認瞭解更多、更準確的客人資料，而持有預訂確認書的客人在信用上更加可靠，因此，很多飯店對持有確認書的客人給予較高的信用限額（Gredit Limit）升級、一次性結帳服務等優惠服務。

（三）保證類預訂

保證類預訂（Guaranteed Reservation）是指賓客透過預付訂金、使用信用卡、簽訂合約等方法進行的預訂。對於保證類預訂，飯店無論在什麼情況下都必須保證保留房間到客人抵達飯店日期的次日12：00的退房結帳時間。如果客人到達飯店後，飯店無法為客人提供所訂房間，則必須為客人提供相應的房間替代，或免費送客人到別的飯店住宿，並為其支付第一夜房費，免費讓客人打電話

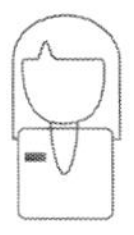

通知其家屬或工作單位。如果客人在沒有取消預訂的情況下逾期未到（No Show），則飯店收取一天的房費作為補償，同時取消後幾天的預訂。保證類預訂既可以確保飯店為客人提供所需的客房，同時又能保障飯店應有的客房收入。一般情況下，保證類預訂可以透過預付訂金、使用信用卡和訂立合約等形式進行擔保，以保護雙方的利益。

1.預付訂金擔保

預付訂金擔保是指客人在抵達飯店前，透過先行交納預付款的方式（一般為所訂客房的一夜房費），獲得飯店的訂房保證。

2.信用卡擔保

信用卡擔保是指客人使用信用卡作為預訂金訂房的方式。飯店透過銀行授權，要求客人填寫信用卡授權書（見表2-1）並將所持信用卡及有效證件的影印（反正面）以書面形式通知飯店。即使因各種原因客人不能按時抵達飯店，飯店仍可透過銀行或信用卡公司收取客人的房費，以彌補飯店的經濟損失。

3.合約擔保

合約擔保是指飯店與旅行社、企事業單位、團體等就客房預訂事宜簽署合約，以此確定雙方的利益和責任。合約的主要內容包括簽約單位的名稱、地址、帳號、聯繫方式及同意為未按預訂日期抵達飯店入住的客人承擔付款責任的聲明等。同時，合約還規定了通知取消預訂的最後期限，如果簽約單位未能在規定的期限內通知取消，飯店將按照合約規定收取房費。

表2-1 客戶信用卡授權書

（CLIENT CREDIT CARD AUTHORIZATION）

說明:客戶填寫下列表格同意使用信用卡授權方式擔保預訂。

TO:	飯店預訂處	傳真號碼:	(飯店預訂處傳真號碼)
FROM:		傳真日期:	
請如實填寫下列表格			
請用「√」在以下信用卡種類中選擇您的信用卡類別，謝謝!			
1.JCB □	2.MASTER CARD □	3.VISA □	
信用卡持有人姓名:			
信用卡號碼:			
信用卡有效期:			
信用卡持有人簽名:			
入住客人姓名:			
入住飯店房型:			
入住日期:		離店日期:	
授權擔保金額:			
請填好表格後，連同持卡人有效身分證件複印件及信用卡正反面複印件傳真至本飯店，謝謝!			

保證類預訂是飯店理想的預訂方式，飯店為加強預付訂金的管理，要提前向客人發出支付預訂金的確認書，說明飯店收取訂金及取消預訂等的相關政策。飯店預付訂金政策一般包括以下內容：收取預付訂金的期限；支付訂金最後截止日期；規定預付訂金數額的最低標準；退還預付訂金的具體規定。

（四）等待類預訂

等待類預訂（Waiting for the Reservation）是指在客房預訂已滿的情況下，仍接受一部分客人提出的等待要求，將其列入等待名單，或主動徵詢客人是否願意列入等待名單，若有其他客人取消預訂或提前離開飯店，飯店就會通知這部分客人，確認他們的預訂。

在處理這類訂房時，應向客人說清楚，以免日後發生糾紛。有時，會有客人未接到飯店通知就到達飯店，飯店可儘量安排，或介紹到附近飯店去住宿，但並不為其支付房費、交通費或其他費用。

第二節 預訂程序

一、客房預訂途徑

客人可以透過兩大途徑在飯店訂房，一類為直接途徑，另一類為間接途徑。直接途徑是指客人不經過任何中介環節直接與飯店預訂處聯繫，辦理訂房手續；間接途徑則是指訂房人透過旅行社等中介機構與飯店辦理訂房手續。透過直接途徑，飯店把自己的產品和服務直接推銷給客人，可以和客人進行面對面的溝通，儘量滿足客人的要求，從而獲得最大利潤。但由於人力、物力、財力等多方限制，飯店無法僅透過直接銷售途徑來吸引足夠的客源。飯店必須借助於中間商，利用他們的銷售網絡、專業特長及規模等優勢，來幫助推銷飯店產品，擴大客源。間接途徑主要有以下幾種：

（1）透過旅行社預訂。

（2）透過連鎖飯店或合作飯店訂房。

（3）透過航空公司或其他交通運輸部門訂房。

（4）透過與飯店簽單合約的單位訂房。

（5）由會議組織機構訂房。

（6）透過飯店所加入的預訂網路預訂。

（7）由政府機關或企事業單位預訂。

二、預訂程序

客房預訂工作技術性較強，如果組織不好就會出現差錯，影響飯店聲譽。為確保預訂工作高效運行，客務部必須建立科學健全的預訂程序。客房預訂程序一般可以分為以下幾個階段。

（一）明確預訂要求與細節

接到客人的訂房訊息之後，預訂員要熱情禮貌地接待，主動詢問客人的預訂要求，關注客人提出的一些細節問題，如客人的抵達離開飯店日期、所需房間類

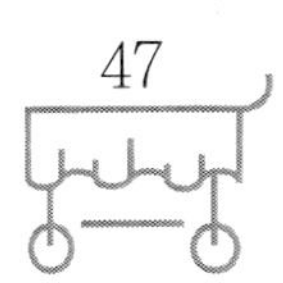

型、數量、特殊要求等。

（二）接受或委婉拒絕

預訂員在瞭解客人的訂房要求後，應迅速查看客房的可供狀況能否滿足客人要求，並決定是否接受客人的預訂。其考慮因素主要包括以下四點：

（1）預期抵達飯店日期；

（2）所需房間類型；

（3）所需房間數量；

（4）逗留天數。

接受客人預訂後，預訂員要認真填寫預訂單（見表2-2）。預訂單是最原始的預訂資料，填寫時，要逐欄寫清楚，並向客人重複訂房內容。客房預訂單一般包括客人姓名、抵達離開飯店日期、房間類型、房價、付款方式及特殊要求等。

如果不能接受客人的預訂，預訂員可以主動提供一系列可供客人選擇的建議。例如建議客人重新選擇抵達飯店日期，改變房間類型、數量等，儘量把客人留住。如果客人不能接受這些建議，也可在徵得客人同意後，將客人列入等候名單，一旦有空房，立即通知客人。在婉約拒絕客人預訂時，態度要友好，並希望客人下次光臨飯店。

表2-2 客房預訂單

XX飯店預訂單		
□預訂		預 訂 號：＿＿＿＿＿
□更改		預訂日期:＿＿＿＿＿
□取消		確認號碼:＿＿＿＿＿
客人姓名:＿＿＿＿＿		性別:＿＿＿＿＿
客房種類:＿＿＿＿＿		人數:＿＿＿＿＿
房間數:＿＿＿＿＿		房價:＿＿＿＿＿
預定抵達日期:＿＿＿＿＿		預定離店日期:＿＿＿＿＿
預定抵達時間:＿＿＿＿＿		航班號:＿＿＿＿＿
保證預訂 □	預付方式:＿＿＿＿＿	信用卡號碼:＿＿＿＿＿
備註:＿＿＿＿＿		
預訂員:＿＿＿＿＿		

（三）確認預訂

確認預訂不但可以進一步明確客人的預訂，而且在飯店與客人間達成正式協議，尤其是書面確認。預訂確認書（見表2-3）不僅僅是複述客人的預訂要求，同時也向客人陳述了價格、訂金、抵離日期、取消預訂及付款方式等相關規定和政策，歡迎客人下榻並表示感謝。

表2-3 預訂確認書

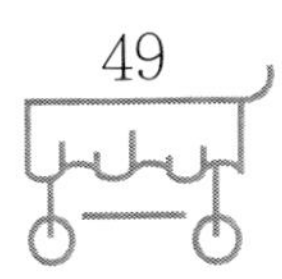

XX飯店預訂確認單

尊敬的______________________先生/女士:

您在我們飯店的預訂現已經確認。

客房類型: __________ 數量: __________ 房價: __________

預訂日期: __________ 抵達日期: ______ 抵達時間: ______

離店日期: ______________________ 逗留天數: ______________

結帳方式: __________ 訂金: __________ 聯繫電話: __________

備註: ____

本飯店愉快地確認了您的訂房。未付訂金或無擔保的訂房會為您保留到下午6時，遲於6時到達的客人，請預先告知。若有任何變化，敬請直接與本飯店聯繫。

請您在入住時，將本確認書交於接待處。

預訂員: 確認時間:

（四）預訂記錄存檔與數據分析

辦理完客人的訂房工作後，預訂員要及時把預訂單的內容輸入電腦，以便對訂房情況管理。預訂資料是客史檔案的依據，通常包括客房預訂單、確認書、預付訂金收據、預訂變更單及客人的各種原始訂房資料等。預訂資料可以按客人抵達飯店日期的順序排列存檔，這樣便於掌握某一個時間段的預訂房間數量和客人數量。也可以根據客人姓名的第一個字母按英文字母A～Z順序存放，這樣可以很方便地查找客人的訂房資料。在實際工作中，可將兩種方法結合起來，即先按客人預計抵達飯店日期排列後，再將同一天的資料按客人姓氏第一個字母排列。

預訂處每日對預訂資料、訊息進行統計分析，製作客房預訂情況報表，為飯店的經營決策提供可靠的依據。

三、預訂變更與取消

（一）預訂變更

客人在抵達飯店之前有時會因為某種原因而對原來的預訂提出變更要求。預訂員要先查閱有無符合客人更改要求（如抵達離開飯店日期、房間數量和類型及逗留天數等）後需要的房間。如果有，接受客人的變更，修改相應的預訂資料；

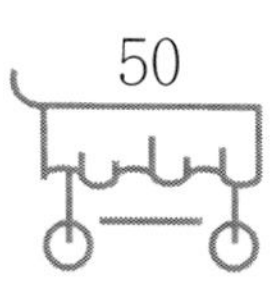

如果無法滿足客人變更的要求，則可將客人列入優先等待名單或委婉拒絕。

（二）預訂取消

如果客人取消訂房，可在原預訂單上註明「取消」字樣，註明申請人、取消原因及取消日期，並簽上預訂員姓名，將資料存檔。

（三）取消和變更預訂的相關規定

（1）預訂員接到客人預訂變更、取消通知時，迅速查找出預訂單，填寫「預訂變更通知單」或「預訂取消通知單」，並在原預訂單上做出相應標記。不要在原預訂單上塗改。

（2）及時更改相應的電腦預訂資料。

（3）如果原預訂要求已通知其他部門，則立即給相關部門發送「預訂變更通知單」或「預訂取消通知單」。

（4）有關團體訂房、保證類訂房的變更與取消，按合約或協議辦理。

（5）儘量簡化手續，如果客人取消預訂，預訂員要熱情地接待，高效受理，向客人表示抱歉和惋惜，並表示希望今後有機會能夠再次為客人服務。

四、客人抵達飯店前的工作

做好客人抵達飯店前的準備工作，是客務服務過程中非常重要的前期工作，既有助於縮短客人辦理登記手續的時間，又能為不同客源類型、不同身分和特點的客人作好相應的接待準備，提供針對性的服務。

（一）預訂核對

由於客人抵達飯店前往往發生變更或取消預訂的情況，因此需要對預訂進行核對，發現問題及時更正或補救，以提高預訂工作的準確性。訂房核對工作一般分三次進行，對於大型團體或重要客人的預訂，還應該增加核對的次數。

（1）客人抵達飯店前一個月進行第一次核對，可採用電話、傳真等方式與預訂人聯繫，詢問預訂是否有變化。

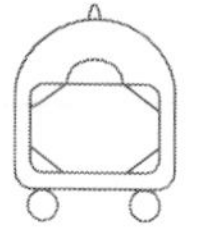

（2）客人抵達飯店前一週進行第二次核對，核對的重點是抵達飯店時間、團隊客人和重要客人。

（3）客人抵達飯店前一天進行第三次核對，主要採用電話方式進行。預訂員對預訂內容仔細檢查，並將預訂的準確訊息傳遞給櫃台接待處及其他相關部門。

（二）向其他部門提供客情預報表

為了做好接待工作，預訂處一般在客人抵達飯店前，將有關預訂訊息傳送至有關部門，以便提前作好接待準備。

（1）提前一週或數日，預訂處依據預訂統計資料，按規定將飯店的主要客情，如貴賓（VIP）、團隊、會議接待、散客等訊息，採用「客情預報表」、「重要客人預報表」等方式通知各相關部門和總經理。

（2）客人抵達飯店前夕，以書面通知單的形式通知有關部門，做好對客服務的接待準備工作。通知單主要有：「接站單」、「VIP接待通知單」、「團隊接待通知單」、「訂餐單」、「次日抵達飯店客人名單」等。

預訂程序如圖2-1所示。

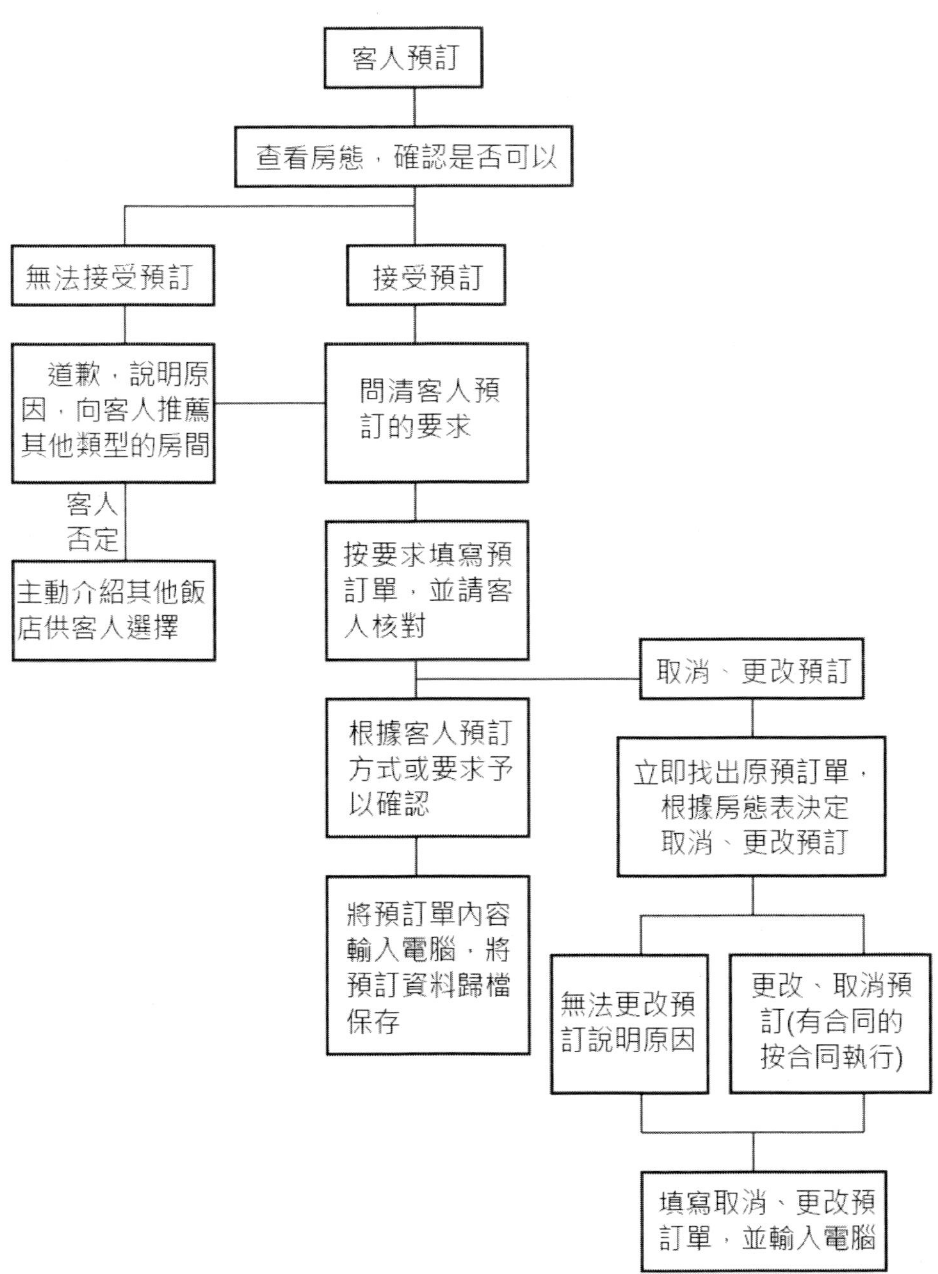
客人預訂
查看房態，確認是否可以
無法接受預訂
接受預訂
道歉，說明原因，向客人推薦其他類型的房間
問清客人預訂的要求
客人否定
主動介紹其他飯店供客人選擇
按要求填寫預訂單，並請客人核對
取消、更改預訂
根據客人預訂方式或要求予以確認
立即找出原預訂單，根據房態表決定取消、更改預訂
將預訂單內容輸入電腦，將預訂資料歸檔保存
無法更改預訂說明原因
更改、取消預訂(有合同的按合同執行)
填寫取消、更改預訂單，並輸入電腦

圖2-1 客房預訂程序圖

第三節 預訂控制

不可儲存性是客房商品一個令管理者頭痛的特點。客務管理人員應隨時核對預訂及客情預報訊息，力求預訂準確，既避免預訂不足引起的空房現象造成損失，還要避免預訂過多帶來的訂房糾紛。一旦發生糾紛，飯店應積極妥善地處理好，保障雙方合法權益，維護飯店良好形象。

一、超額預訂

對於飯店而言，預訂的客人在抵達之前突然取消了預訂、推遲了抵達飯店的時間，甚至根本就沒有出現，都會減少飯店的收入。事實上，這樣的事情在飯店每天都有發生。根據飯店業的經驗，訂房不到者占總預訂數的5%，臨時取消預訂者占8% ～10%。飯店為了最大限度地減少飯店的客房收入損失，往往採用客房超額預訂的策略來獲得最大的經濟效益。

（一）超額預訂的意義

所謂超額預訂是指飯店在預訂已滿的情況下，有意識地再適當增加訂房的數量，以彌補因少數客人臨時變更或取消預訂或提前離開飯店而出現的訂房閒置。超額預訂通常出現在飯店經營的旺季，採用超額預訂的意義在於充分利用飯店客房，提高出租率，使飯店在銷售的黃金季節達到最佳的出租率和最好的效益，同時保持良好的聲譽。

（二）控制超額訂房幅度的方法

實施超額預訂是飯店經營管理者膽識與能力的表現，同時又是一種風險行為。超額預訂的關鍵，在於掌握超額預訂的數量和幅度，幅度的大小來自於經驗，來自於對市場和客源的分析。

超額預訂數量和幅度要受預訂取消率、預訂而未到客人的比率、提前退房率以及延期住宿飯店率等因素的影響。

假設，X＝超額預訂房數；A＝飯店客房可出租客房總數；C＝延期住房數；

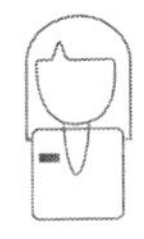

r1＝預訂取消率；r2＝預訂而未到率；D＝預期離開飯店房數；f1＝提前退房率；f2＝延期住宿飯店率，則：

$$X = (A - C + X) \cdot r_1 + (A - C + X) \cdot r_2 + C \cdot f_1 - D \cdot f_2$$

$$= \frac{C \cdot f_1 - D \cdot f_2 + (A - C)(r_1 + r_2)}{1 - (r_1 + r_2)}$$

設超額預訂率為R，則

$$R = \frac{X}{A - C} \times 100\%$$

例如：某飯店有可出租標準客房600間，未來8月5日延期住房數為200間，預期離開飯店房數為100間，該飯店預訂取消率通常為8%，預訂而未到率為5%，提前退房率為4%，延期住宿飯店率為6%，試問8月5日這天，該飯店：

（1）應該接受多少超額訂房？

（2）超額預訂率多少為最佳？

（3）總共應該接受多少訂房？

解（1）該飯店應該接受的超額訂房數為：

$$X = \frac{C \cdot f_1 - D \cdot f_2 + (A - C)(r_1 + r_2)}{1 - (r_1 + r_2)}$$

$$= \frac{200 \times 4\% - 100 \times 6\% + (600 - 200)(8\% + 5\%)}{1 - (8\% + 5\%)} = 62(\text{间})$$

（2）超額預訂率為：

$$R = \frac{X}{A - C} \times 100\%$$

$$= \frac{62}{600 - 200} \times 100\%$$

$$= 15.5\%$$

（3）該飯店共應該接受的客房預訂數為：

$$A - C + X$$

$$= 600 - 200 + 62$$

$$= 462（間）$$

答：就8 月5 日而言，該飯店應該接受62 間超額訂房；超額預訂率最佳為15.5%；總共應該接受的訂房數為462間。

飯店可以根據自己的實際情況，合理地確定超額訂房的數量和幅度，既增加效益又不產生訂房糾紛。一般情況下，飯店將超額預訂率控制在5%～15%為宜。控制適當的超額訂房幅度的主要方法如下：

（1）統計分析過去歷年同期訂房不到的平均比率、臨時取消的平均比率、提前抵離開飯店和延期抵離開飯店的客房數的平均比率，據此估計現在的超額訂房比例。

（2）掌握好團體訂房和散客訂房的比例。通常情況下，如果團體訂房較多，超額訂房比例就應小些；散客訂房較多，超額訂房比例就可大些。

（3）掌握好淡、平、旺季的差別。旺季客房供不應求，超額訂房比例應小一些。平季客人訂房後取消或更改的可能性相對比旺季大一些（因為其他飯店尚

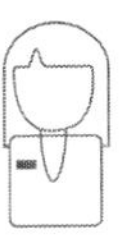

未客滿，客人很容易改住其他飯店）。故平季的超額訂房比例應大些。淡季一般不會客滿，不會存在超額訂房問題。

（4）考慮現有訂房中各類訂房所占的比例。如果保證類的訂房較多，超額訂房比例應小些；確認類的訂房比例較高，超額訂房比例應大一些；臨時類訂房的比例較高，超額訂房比例應更大些。

（5）瞭解附近同級別飯店的住房情況，如果已客滿或接近客滿，就應該減少超額訂房比例或不進行超額訂房；反之則可提高超額訂房比例。

（6）調查分析本飯店在市場上的信譽度。信譽度低的飯店，超額訂房比例可以大一些；信譽度高的飯店，超額訂房比例應該小一些。

（三）超額訂房造成預訂的客人到達飯店無房時的措施

如果客人持有訂房確認書，又在規定時間到達飯店，飯店卻因超額預訂過度，客滿而無法為客人提供所預訂的房間，必然會引起客人極大的不滿。飯店違約，對此應負有全部責任。因而飯店必須積極採取各種補救措施，妥善安排好客人住宿，消除客人的不滿，挽回不良影響，維護飯店的聲譽。

（1）客人到達飯店時，由主管人員誠懇地向其解釋原因，並賠禮道歉。

（2）如果飯店還有其他類型的客房，可以進行客房升級，即客人按照確認書上的房價入住更高一級的客房，直到飯店能夠為客人提供其所預訂的客房為止。

（3）派車免費將客人送到聯繫好的同等級、同類型飯店暫住一夜。如房價超過本飯店，差額部分由飯店承擔。

（4）免費提供一兩次長途電話或傳真，以便客人將變動的情況通知有關方面。

（5）將客人的姓名及有關情況記錄在問訊卡條上，以便向客人提供郵件及查詢服務。

（6）對屬於連續住宿又願回本店的客人，優先考慮此類客人的用房安排。

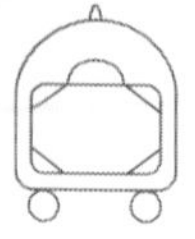

一有空房，及時和客人聯繫，並將客人接回，大廳副理在大廳迎候並致歉意，陪同客人辦理入住手續。

（7）客人在店期間享受貴賓待遇。

二、預訂失誤控制

（一）預訂失誤行為產生的原因

飯店日常發生的訂房糾紛，除了因飯店實施超額訂房引起的之外，還有以下幾種主要情況：

（1）由於與銷售部、接待處等部門溝通不暢或房態顯示出現差錯，未能準確掌握可售房數量。

（2）預訂過程出現差錯，如姓名拼寫錯誤、日期出錯、變更及取消處理不當等。

（3）沒能領會客人真正的預訂要求，沒有最終落實客人的預訂。

（4）客人沒有按時抵達飯店且事先又未與飯店聯繫，飯店無法提供住房。

（5）客人聲稱自己辦了訂房手續，但接待處沒有訂房記錄。

（6）客人打電話到飯店要求訂房，預訂員同意接受，但事後並未寄出確認書，客人抵達飯店時無房提供。

（二）預防措施

客務部應實施有效的預防措施避免出現由預訂失約行為引起的賓客與飯店間的糾紛，可考慮如下做法：

（1）完善各項預訂制度，健全預訂程序及其標準。

（2）加強與銷售部、預訂代理商的溝通，建立與接待處等溝通的制度。

（3）注意預訂細節。如是電話或面談預訂，應複述賓客的預訂要求；解釋客務專業術語的確切含義及相關規定，避免產生誤解。

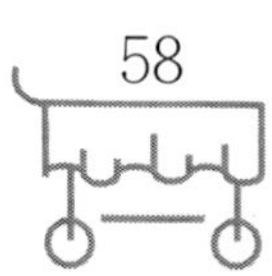

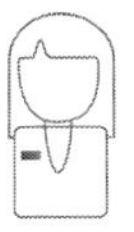

（4）加強預訂工作的檢查，避免出現差錯、遺漏。

（5）注重對預訂員的培訓、督導，加強其責任心，提高其工作能力。

第四節 預訂推銷

面對激烈的飯店競爭，預訂處的工作已不再僅僅是接受客人的訂單，同時也擔負著宣傳飯店、銷售飯店產品、開拓客源市場等任務，預訂員已經成為飯店的銷售員。

一、預訂推銷方式

（一）電話促銷

預訂員充分利用已有的準確資料，利用節日或飯店組織特色活動等時機，主動給老客戶打電話，保持溝通渠道暢通，介紹推銷飯店產品，徵詢客人未來的要求。

（二）二次促銷

預訂客房的客人往往還會在店內進行其他項目的消費，預訂員應在為客人預訂客房時不失時機地推銷其他飯店產品，從而產生二次促銷。

（三）公共關係促銷

預訂處可以利用現有的客史資料，在節假日、客人生日、公司重要慶典活動日，問候客戶，表示祝賀，加強相互之間的感情溝通，同時瞭解客戶對飯店產品的看法和最近一次消費的時間與感受；瞭解客戶近期有無新的需求，以便發現新的銷售機會，同時向客戶宣傳、推薦新產品，創造再銷售。不斷在客戶心目中塑造並維護良好的飯店企業售後服務形象。另外，銷售部和公關部也可以根據預訂員整理彙總的客史資料，開展有針對性的公關活動。

（四）網路促銷

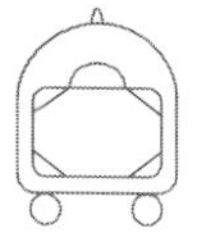

隨著網路經濟的快速發展，網路促銷已成為飯店最有效、最經濟、最便捷的營銷手段。飯店可以透過網際網路展示飯店形象和服務，客人透過網際網路瞭解飯店。網路營銷建立了飯店與客戶良好的互動關係，使飯店能夠高效率管理銷售過程，提高經濟效益和管理水準。

二、預訂推銷技巧

預訂員不僅要熟悉客房銷售的要求和服務程序，更要講究推銷技巧，針對不同類型客人的特點與需求，恰到好處地宣傳、推銷客房及其他產品，實現雙贏。

（一）把握客人的特點

不同的客人由於年齡、性別、職業、國籍、住宿飯店目的等的不同，對飯店服務也會有不同的要求，飯店應該分析客人的心理，把握客人的特點，進行靈活有針對性的推銷，為飯店爭取更多的客源。例如，向商務客人推銷適合辦公、便於會客、價格較高的客房或商務套房；向新婚夫婦推薦安靜、不易受到干擾的大床房間；向攜子女的父母推薦連通房、相鄰房；向老年人推薦靠電梯、餐廳的客房等。

（二）突出客房商品的價值，巧妙商談價格

在銷售客房的過程中，預訂員應該站在為客人著想的角度介紹客房，強調客房的價值而不是價格；在與客人商談價格時，應使客人感到飯店銷售的產品物有所值，從而樂於接受。除了介紹客房的設施設備、朝向、種類等自然狀況特點外，還應該強調客房為客人帶來的好處。例如：「這間客房面向大海，您可以觀賞海景，傾聽海的聲音。」、「房間內配有網路線、傳真機等設備，可以方便您的商務活動。」、「這是一間剛剛裝修過的客房，具有很強的江南特色，很安靜，便於休息，而且離電梯也不遠，它的價格是600元。」

（三）有針對性地向客人提供價格選擇的範圍，給客人進行比較的機會

向客人介紹客房時，應為客人提供一個可選擇的價格範圍。如果客人沒有具體說明需要哪種類型的客房，客務服務人員可根據客人的特點，有針對性地推薦

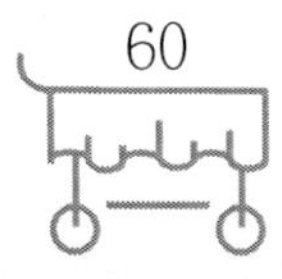

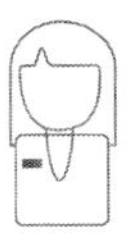

兩至三種價格不同的房間供客人選擇。如果只推薦一種客房，就會使客人失去比較的機會。在推銷過程中要把客人的利益放在第一位，寧可銷售價格較低的客房，使客人滿意，不要使客人感到他們是被迫接受高價客房。對客人的選擇要表示贊同與支持，要使客人感到自己的選擇是正確的，即使他選擇了一間最便宜的客房。

（四）採用適當的報價方式

不同的報價方法，銷售的效果也不同。在實際推銷工作中，要講究報價的針對性，達到銷售的最佳效果。掌握報價方法，是做好推銷工作的一項基本功，以下是飯店常見的幾種報價方法。

1.高低趨向報價

這種報價法首先向客人報出飯店的最高房價，讓客人瞭解飯店所提供的高房價房間及與其相配的環境和設施，在客人對此不感興趣時再轉向銷售較低價格的客房。這是針對講究身分、地位的客人設計的，可以最大限度地提高客房的利潤率。

2.低高趨向報價

先報出飯店的低價房，然後由低到高報價並介紹相關的設施和服務。這種報價法可以吸引那些對房間價格作過比較的客人，能夠為飯店帶來廣闊的客源市場，有利於發揮飯店的競爭優勢。

3.利益引誘報價

這是指對已預訂一般房間的客人，採取給予一定附加利益的方法，使他們放棄原預訂客房，轉向選擇高一等級價格的客房。例如：「王先生，如果您現在入住套房的話，價格可以打六折，同時為您提供兩份自助早餐，價格只比您預訂的雙人房貴100元，非常合算。」

4.「衝擊式」報價

先依次報出客房價格，再根據客人的需求和提問有針對性地介紹客房所提供

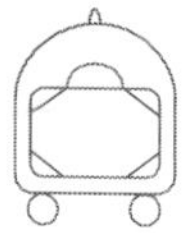

的服務設施和服務項目等。這種方式比較適合對價格比較敏感的客人，以低價打動客人，便於飯店推銷價格較低的房間。

5.「魚尾式」報價

先介紹客房所提供的服務設施和服務項目及特點，最後報出房價，突出客房物有所值，以減弱價格對客人的影響。這種方式比較適合推銷中階客房。

6.「三明治」報價

又稱「夾心式」報價。此種報價方法是將價格置於所提供的服務項目中，以減弱直觀價格的份量，增加客人購買的可能性。此類報價一般用口頭語言進行描述性報價，強調提供的服務項目是適合於客人的，但不能太多，要恰如其分。這種方式比較適合推銷中、高階客房，可以針對消費水準高、有一定地位和聲望的客人。

（五）注意推銷飯店其他產品

飯店的某些設施和服務項目，如果不向客人宣傳，客人就不知道、不瞭解，不僅可能使客人不方便，也會影響飯店的營業收入。因此預訂員在銷售客房的同時，可以推薦飯店其他服務設施和服務項目，使客人感到飯店產品的綜合性和整體性，增加飯店營業收入。

三、其他預訂服務

作為飯店銷售客房的重要職位，預訂處可能還會接到客人其他預訂請求。預訂處應和相關部門合作，做好會議室及其他服務項目的預訂工作。

（一）會議室的預訂

（1）首先向客人瞭解舉行會議的日期、參加人數等基本訊息，以便決定是否可以接受客人的預訂。

（2）如果會議室可以滿足客人的使用要求，應進一步瞭解相關訊息並作好記錄：租用者的姓名或公司名稱、飯店房間號碼或聯繫電話、會議的起始時間及

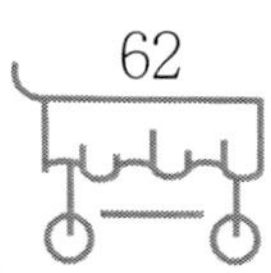

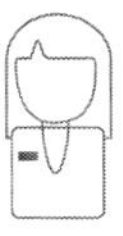

結束時間、特殊要求等。

（3）告知客人會議室租用的費用（包括免費的服務種類，如茶、麥克風、投影機、音響、錄影放映機），可帶領客人參觀會議室並作相應的介紹。

（4）瞭解付款人及付款的方式，簽訂會議室租用合約，明確雙方責任和要求，並要求租用者按合約預付訂金。

（5）及時把上述情況在換班本和會議室出租預訂單上作好記錄，並通知相關部門做好接待準備工作。

（二）其他預訂服務

客人往往還會透過預訂處預訂飯店其他的服務項目，如公共區域空間使用的預訂、宴會預訂、娛樂場所包場預訂、健身場所預訂或者比賽等，客務預訂處要將客人的預訂訊息及時與其他相關部門溝通，儘量滿足客人的預訂需求，提高飯店的收入。

案例討論

錢經理錯了嗎？

錢經理勤奮好學，他總能從書刊上學得一些新知識，並用於指導實踐。透過總結去年的接待工作，他發現，本飯店客源的淡季、旺季明顯，特別是7、8兩個月賓客盈門，飯店的滿額預訂常使一些臨時訂房或直接上門的客人遺憾而去。與此同時，由於一些客人訂房未到或臨時改變行程而延期抵達飯店等，事實上飯店並未獲得高額的客房出租率。因此，錢經理認為，可以作適當的超額預訂，以彌補因訂房未到或延期抵離等情況所造成的缺額。透過查找有關資料，錢經理掌握了計算超額預訂的公式。經過一兩天的模擬，錢經理決定，從這周開始，作適量的超額預訂。連續作了幾天，客房出租率確實喜人。但是有一天，郭女士、奈許先生持訂房憑證來店入住，飯店卻無房提供。此後又相繼出現多次類似情況。有預訂而不能入住者中，大多是本飯店的常客或是慕名而來的客人，他們對飯店這樣的做法感到十分氣憤，並紛紛表示，從此不會再到這樣的飯店來預訂住房。錢經理為此困惑不解。

問題

1.實施超額預訂，飯店的收益和風險各是什麼？

2.能不能僅僅按照有關資料提供的計算公式決定飯店的超額預訂率呢？為什麼？

本章小結

客房預訂是客務部的一項重要業務內容，是客房商品銷售的中心環節。開展預訂業務，既能滿足客人的訂房要求，又可以促進飯店客房的銷售，提高客房銷售業績。本章介紹了預訂的種類、途徑、程序、預訂銷售方法，並針對飯店經營的現實狀況對超額預訂及常見問題的處理作了探討。

思考與練習

☐知識思考題

1.客房預訂的種類有哪些？

2.簡述客房預訂的程序。

3.什麼是超額預訂？如何控制超額預訂？

4.預訂銷售的方式有哪些？

☐能力訓練題

1.嘗試作確認預訂、保證預訂對話模擬。

2.模擬訂房變更業務。

3.模擬會議室出租預訂業務。

☐情景模擬示例

下面以電話可接受普通散客的預訂作情景模擬示例。

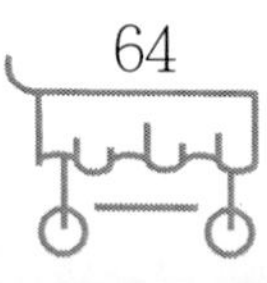

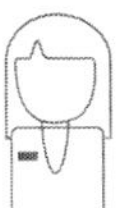

一、業務程序

問候	關鍵訊息引導				報價	詳細訊息				截房提示			重複內容	致謝祝福
	種類	數量	地點、日期	逗留天數		姓名	電話	單位	地址	臨時預訂	確認預訂	保證預訂		

二、業務考量標準

1.問候要簡潔、親切，訊息準確；

2.關鍵訊息引導要全面，且口語化強，內容要緊湊，問話要自然親切，力避質詢語氣；

3.報價要主動，若有折扣要主動說明，若顧客提出折扣優惠要求而飯店不能滿足，要緊跟說明和推銷；

4.詳細訊息詢問要全面，中文姓名要問清字意，外文姓名要問清拼法；

5.截房提示要主動，當賓客不能在慣例截房時間到達，要問清航班或車次等，若賓客暫時不確定航班車次而不能在慣例截房時間到達，要建議其用信用卡或現金及其他方式作擔保訂房；

6.重複內容要簡潔、全面、準確，重複前要作提示；

7.致謝祝福要主動、簡短、親切，等對方說「再見」再掛電話；

8.在電話中要讓賓客感受到微笑。

三、對話參考

預訂員：您好！XX飯店預訂處，要訂房嗎？

客人：是的，我想預訂一間房間。

預訂員：好的，先生，請問您需要什麼樣的房間？

客人：我需要一間可以上網，並且帶淋浴的雙人房。

預訂員：那您什麼時間入住呢？

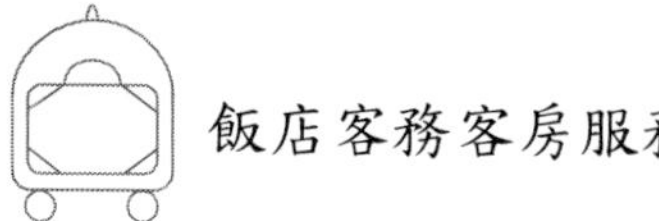

客人：下週三。

預訂員：好的，那您打算住幾天呢？

客人：住三天吧。

預訂員：稍等，先生，我幫您查一下下週三，也就是3月16日至18日的房間預訂情況。

（幾秒鐘後）先生，讓您久等了，那天還有空房。

預訂員：我們帶淋浴可以上網的房間有388元／天的，428元／天的，您喜歡哪個呢？

客人：那這兩個有什麼區別嗎？

預訂員：388元／天的是商務標準間，428元／天的是行政標準間，這兩種房間的裝修風格是不一樣的。

客人：哦，那你幫我預訂428元／天的吧。

預訂員：好的，先生，請問您貴姓？

客人：我姓張，張強。

預訂員：您留個聯繫電話好嗎？

客人：好的，1388XX XX XX X。

預訂員：能說一下單位和地址嗎？

客人：廣東長生藥業公司。

預訂員：謝謝！張先生，按照慣例飯店會在3月16日為您留房至18：00。

客人：好的，我下午6點前到達。

預訂員：好的，張強先生，請允許我重複您的預訂訊息，您訂了一間428元／天的標準間，下週三也就是3月16日下午6點前到，您的聯繫電話是1388XX XX XX X，單位是廣東長生藥業公司，對嗎？

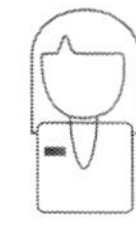

客人：是的，謝謝你。

預訂員：不客氣，張先生，感謝您的預訂，期待您的光臨。

客人：好，再見！

預訂員：好的，再見！

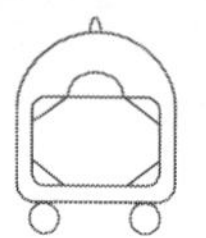

第3章 禮賓服務

本章導讀

飯店禮賓部（Bell Service/Concierge）下設迎賓員、行李員、委託代辦員、飯店代表等崗位，是客務服務的重要組成部分，它是以客人心目中「飯店形象代表」的特殊身分進行服務的，其服務態度、服務質量、服務效率如何，將給飯店的聲譽與效益帶來直接的影響。禮賓服務對客人「第一印象」和「最後印象」的形成起著重要作用，是飯店客務服務的「窗口」。

重點提示

透過學習本章，你能夠達到以下目標：

瞭解禮賓部的主要工作內容

掌握禮賓迎送客人程序和規範

掌握行李服務的工作程序

瞭解委託代辦服務內容

導入案例

銀婚紀念日

南京某飯店禮賓部員工小許在為一對蘇州夫婦送行李時得知，當天是他們的銀婚紀念日，他們希望小許能夠幫忙預訂一個比較合適的用餐包廂。小許立刻與禮賓部領班商量，希望能給客人一個驚喜。他們幫客人在飯店餐廳預訂了一個安

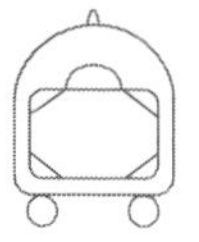

靜的兩人小包廂，對包廂進行了一番特別的布置，並從側面委婉地給作為丈夫的住客提了些是否需要買鮮花、蛋糕等物品的意見，客人聽後連連稱好。禮賓部的成員們紛紛籌劃，各司其職，跑到西餐廳借蠟燭，跑到西點屋訂新鮮蛋糕，跑到花店預訂花束。晚上客人用餐時，才發現禮賓部的員工作了許多他們事先所不知的努力和準備，感動地連連道謝，給予了極高的評價，並且還留下電話號碼，聲稱如果有機會去蘇州的話，務必要聯繫他們，他們要用熱情的款待來感謝這次給他們的意外驚喜。

兩位客人回去後，與一對南京的夫婦朋友聯繫時無意中聊到在飯店裡遇到的這件給他們極大感動的事情。說者無心，聽者有意，兩位朋友對飯店的這種個人化服務產生了極大興趣。於是這對夫婦在結婚紀念日時，選擇了在這家飯店紀念這個特殊的日子。禮賓部的小謝在得知此事後，和同事們不僅認真、熱情、周全地為他們安排好了包廂，還悄悄地透過房務中心，在他們將入住的飯店房間裡布置了些非常溫馨的小物件。夫婦倆感動萬分，並非常誠摯地表達了他們的謝意。第二天，當小謝看到夫婦倆幸福的表情時，他也陶醉了，他為自己是一位飯店人而感到驕傲！

分析

上面的例子中，禮賓部的全體員工，在認真做好本職工作的同時，還不斷地透過他們的細心來給賓客提供個人化服務，體現了良好素質。對旅遊者而言，他們是飯店內外綜合服務的總代理，一個忠實的朋友，一個在旅途中可以信賴的人，一個個人化服務的專家。

第一節 應接服務

迎送賓客服務主要由門童、行李員、飯店代表等提供，一般可分為門廳的店內迎送和機場、車站的店外迎送兩種。

一、機場、車站迎送服務

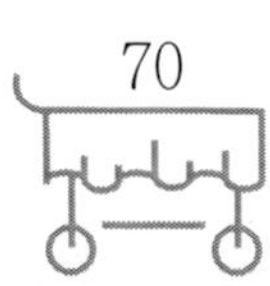

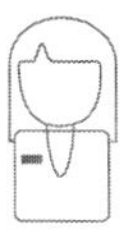

飯店為方便客人，在機場、車站及碼頭設立接待處，安排飯店代表專門負責住宿飯店客人的迎送。因此，店外迎送是飯店禮賓服務的延伸和擴展，是飯店給予客人的「第一印象」，更是飯店對外宣傳的窗口。飯店代表的儀表儀容、言談舉止、服務效率、服務態度等將給客人留下深刻印象。機場、車站迎接服務的程序如下所述。

（一）客人抵達前

（1）定時從預訂處取得需要接站的客人名單，準確掌握航班、車次及客人情況。

（2）在客人抵達當天，根據預訂情況，提前做好準備工作，備好接站牌。

（3）安排好交通工具，提前半小時至一小時到位等候。

（4）到站後，注意客人乘坐的交通工具到站時間的變動，若有延誤或取消及時通知櫃台。

（5）站立在顯眼位置舉牌等候。

（二）客人到達時

（1）主動問好，根據預計抵達飯店客人名單進行確認，代表飯店向客人表示歡迎和問候。

（2）隨時掌握客房使用訊息，對無預訂的散客，主動介紹飯店產品或服務，推銷飯店客房，並及時和前台接待聯繫。

（3）搬運並確認行李件數，掛好行李牌，引領客人上車。

（4）一旦出現誤接或找不到客人的情況，應立即和飯店聯繫，查找客人是否已經到達飯店。

（三）在路途中

（1）主動介紹當地風土人情、旅遊景點和飯店概況、服務項目。

（2）始終與櫃台保持聯繫，及時通知情況變化。

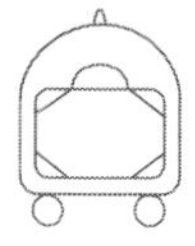

（四）客人抵達飯店後

（1）引領客人到櫃台辦理登記手續。

（2）將行李物品交給行李員運至房間。

（五）客人離開飯店時

（1）掌握離開飯店客人姓名、所乘交通工具及離開飯店具體時間，與行李組和車隊取得聯繫。

（2）協助客人託運行李和辦理相關手續。

（3）與客人告別，並歡迎客人再次光臨。

二、飯店門口接送服務

飯店門口接送服務主要由門童負責。門童一般由高大、英俊、目光敏銳的青年男性擔任，但也有用氣質好、儀表端莊的女性或穩重、具有紳士風度的老年男子擔任門童的情況。門童的制服通常高級華麗、有醒目標誌，門童工作時要精神飽滿、熱情禮貌，主要工作是迎送、調車、維持門前秩序等，其接送客人的服務規程及要求如下所述。

（一）迎接賓客

（1）客人到達飯店時，門童應主動、熱情、面帶微笑向客人點頭致意，並致問候或歡迎語。

（2）若客人乘車抵達飯店，門童應使用規範手勢把車輛引導到指定地點或客人容易下車的地點。車停穩後，為客人拉開車門並主動向客人熱情問候。開車門時用左手拉開車門，右手擋在車門框上沿，為客人「護頂」。但對佛教徒和伊斯蘭教徒不能護頂。關車門時注意要小心，注意勿夾客人的手、腳、衣物等。同時注意扶老攜幼、攙扶行動不便的客人。

（3）準確、及時為客人拉開飯店的正門，如果客人行李物品較多，手勢召喚行李員。

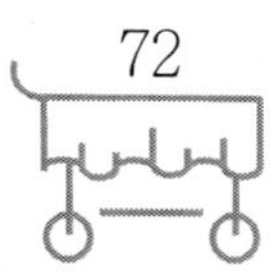

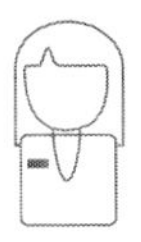

（4）團體客人到達飯店時，待客車停穩後，門童站立在車門一側，迎接客人下車，主動點頭致意、問候，最後示意司機將車開走或停放在指定地點。

（5）如果遇到下雨天，應主動打傘接應客人下車進飯店，並提醒客人將隨身攜帶的雨傘鎖在門口的傘架上。

（二）送別賓客

（1）客人離開飯店時，門童應主動熱情地為客人叫車，將車引導到合適位置。

（2）協助行李員為客人裝好行李，並請客人清點，然後拉車門請客人上車，並向客人道別，預祝客人旅途愉快。

（3）等客人坐穩後輕輕關上車門，注意不要夾住客人衣角，面帶微笑，後退一步，揮手道別，目送客人離開，以示禮貌和誠意。

（4）送別團體客人時，門童應站立在車門一側，向每一位上車的客人點頭致意，歡迎客人再次光臨。待客人全部到齊，伸手示意司機開車，並目送客人離開飯店。

第二節 行李服務

行李服務是飯店為客人提供的一項重要的服務項目，主要由行李員負責。飯店往往將行李台設在大廳客人容易發現的位置。由於散客與團隊客人的特點和要求有許多不同之處，因此，行李服務規程也不相同。

一、散客行李服務

（一）散客到達飯店時的行李服務

（1）客人乘車抵達飯店，行李員應主動上前迎接。客人下車後，迅速將行李卸下請客人清點行李數量，並檢查行李有無破損。

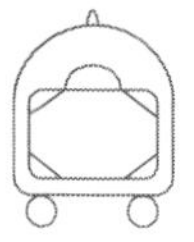

（2）如果行李較多，可以使用行李車。裝行李車時，注意把大的和重的行李放在下面，小的輕的行李放在上面，注意正確擺放，不能倒置行李。對客人的貴重物品和易碎物品，行李員不必主動提拿，如果客人要求提拿，行李員應該特別小心，防止丟失和破損。

（3）引領客人到櫃台接待處，引領過程中，要走在客人的側前方，距離二三步遠，步伐節奏與客人保持一致。遇到拐彎、人多或有台階時，注意回頭招呼客人。

（4）等候客人。客人辦理入住登記手續時，行李員應站在客人側後方1.5公尺處，看管行李，等候客人。

（5）引領客人進房間。客人辦理完入住登記手續後，行李員應主動上前接過接待員手中的房間鑰匙，提拿行李引領客人去客房。途中，主動向客人介紹飯店服務項目。

（6）乘電梯。請客人先上電梯，然後站立在電梯控制板旁邊。電梯到達樓層停穩後，請客人先出，然後引領客人到房間。

（7）敲門進房。到達客房門口時，先敲門，房間內沒反應再打開房門。迅速將鑰匙牌（卡）插入取電插孔內，環視一下客房，如情況正常，則退到房門一側，請客人先進房間，並將行李物品放在行李架上或客人吩咐的位置。如房間沒有整理或房間內有行李，或客人對房間不滿，則立即向客人道歉，並和前台聯繫，為客人換房。

（8）向客人介紹客房設施設備及使用方法。在介紹過程中，關注客人的表情及神態，並回答客人提問。如果客人曾經住過本飯店，或客人比較疲勞，則可不必介紹。

（9）離開客房。房間介紹完畢，行李員應再次徵求客人是否還有其他吩咐，如果沒有，與客人道別並祝願客人住宿飯店愉快。面向客人退出房間，將房門輕輕關上。

（10）返回行李處，填寫散客行李進飯店搬運記錄。

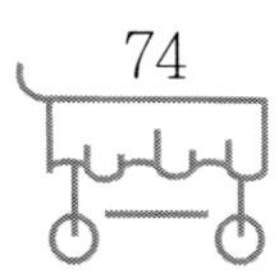

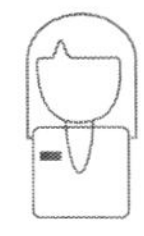

散客到達飯店時行李服務程序見圖3-1。

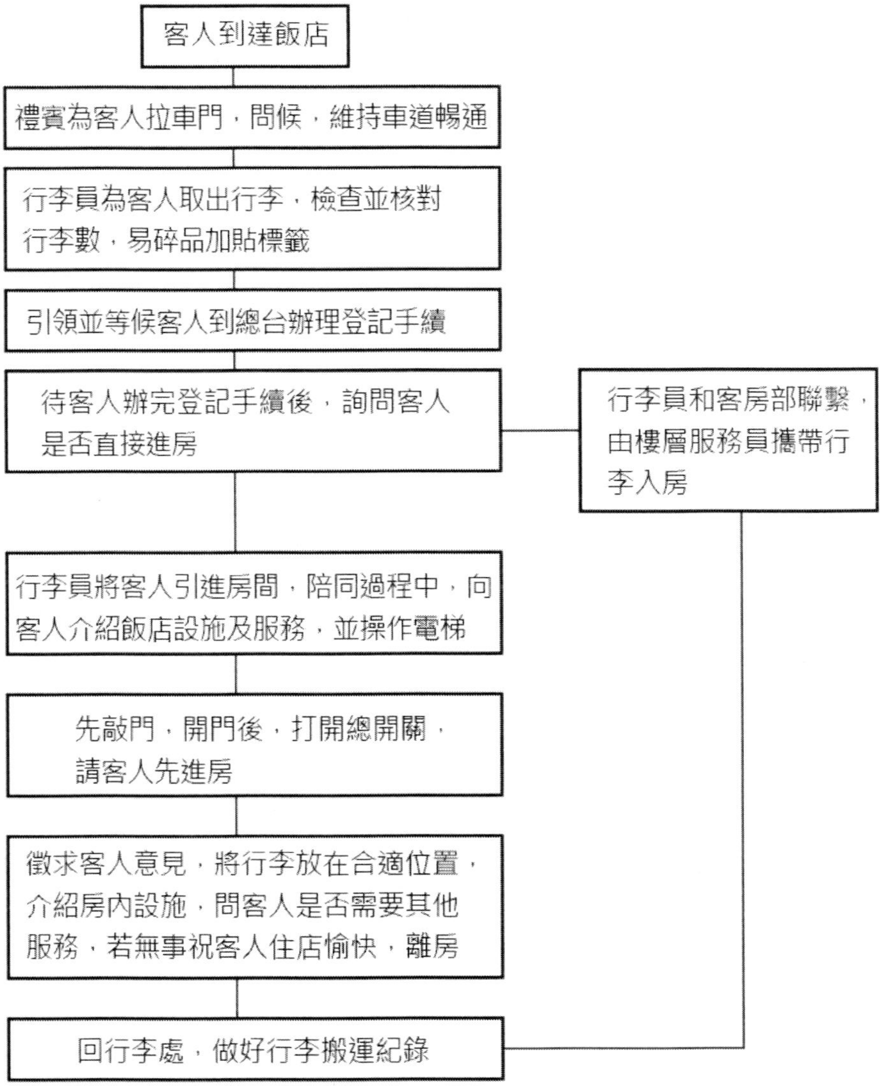

客人到達飯店

禮賓為客人拉車門，問候，維持車道暢通

行李員為客人取出行李，檢查並核對行李數，易碎品加貼標籤

引領並等候客人到總台辦理登記手續

待客人辦完登記手續後，詢問客人是否直接進房

行李員和客房部聯繫，由樓層服務員攜帶行李入房

行李員將客人引進房間，陪同過程中，向客人介紹飯店設施及服務，並操作電梯

先敲門，開門後，打開總開關，請客人先進房

徵求客人意見，將行李放在合適位置，介紹房內設施，問客人是否需要其他服務，若無事祝客人住店愉快，離房

回行李處，做好行李搬運紀錄

圖3-1 散客到達飯店時行李服務程序圖

（二）散客離開飯店時的行李服務

（1）禮賓部接到客人要求運送行李的通知時，應禮貌地問清房號、姓名、行李數量和搬運時間等，作詳細記錄，然後按時到客人房間提取行李。

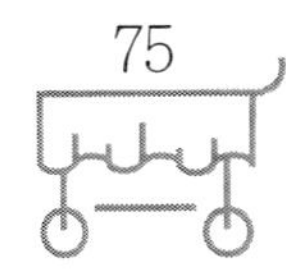

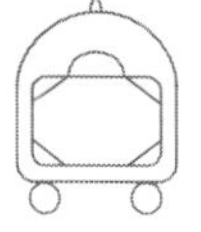

（2）行李員到達客人房間時，先按門鈴或敲門，自報家門，經客人同意後方可進入房間。

（3）主動問候客人，與客人清點行李並檢查後，確認客人離開飯店時間，以及是否需要寄存行李，然後與客人道別，拿行李離開房間。如果客人要求一同離開客房，要提醒客人不要遺留物品，離開時輕輕關門。

（4）如客人未結帳，禮貌引領客人到櫃台結帳。

（5）送客人離開飯店時，與客人當面確認行李件數，然後將行李裝上車，向客人道別，歡迎客人再次光臨，並祝客人旅途愉快。

（6）返回行李處，填寫散客行李離開飯店搬運記錄。

散客離開飯店時行李服務程序如圖3-2所示。

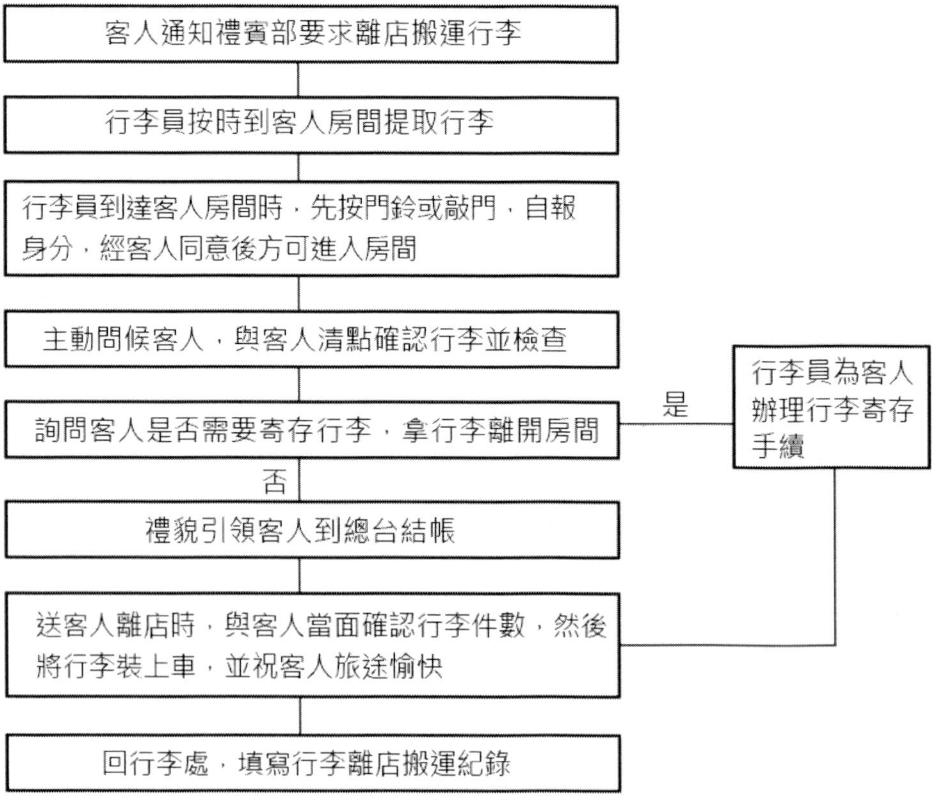

客人通知禮賓部要求離店搬運行李

行李員按時到客人房間提取行李

行李員到達客人房間時，先按門鈴或敲門，自報身分，經客人同意後方可進入房間

主動問候客人，與客人清點確認行李並檢查

詢問客人是否需要寄存行李，拿行李離開房間

是：行李員為客人辦理行李寄存手續

否

禮貌引領客人到總台結帳

送客人離店時，與客人當面確認行李件數，然後將行李裝上車，並祝客人旅途愉快

回行李處，填寫行李離店搬運紀錄

圖3-2 散客離開飯店時行李服務程序圖

二、團隊行李服務

（一）團隊客人到達飯店時的行李服務

（1）團隊行李到達飯店時，行李員與送行李的人進行交接，清點行李數量，檢查行李破損、上鎖情況，並請對方簽字。

（2）行李如有破損，須請來人親自證實，記錄在行李交接單上，並通知導遊和領隊。

（3）迅速卸下行李，擺放在規定地點。將團隊行李到達飯店時間、數量、破損情況等訊息填寫在「團體行李進飯店登記表」上。

（4）在每一件行李上繫好行李牌，擺放整齊，如不能及時分送則用行李網把該團行李罩好，妥善保管。

（5）根據分房表，在行李牌上準確標註房號和件數。

（6）準確、迅速地將行李送往客房。運送行李時，應遵循「同團同車，同層同車，同側同車」的原則。

（7）到達客房時，行李員應將行李放在房門一側，先按門鈴或敲門。客人開門後，主動問好，將行李送入房間，請客人當面確認；如果客人不在房間，應請樓層服務員開門，將行李放入房間。

（8）將暫時無人認領的行李存放在行李處，妥善保管，然後立即向團隊領隊和導遊反映，以便及時解決。

（9）行李分送完畢，返回行李處，填寫「團隊行李進出店登記表」。

（二）團隊客人離開飯店時的行李服務

（1）行李員根據團隊取行李的要求，帶上已核對好的「行李記錄表」，依照團號、團名及房間號碼，按時到樓層及客房門口收取行李，記錄每個房間的行

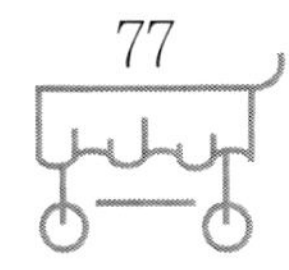

李件數，並繫好行李牌。

（2）如客人暫不在房間，門口又無行李，不可擅自開門收取行李。

（3）把行李集中到行李處，擺放整齊，與領隊或導遊清點件數，確認無誤後，雙方簽字。如果暫時不運走行李，應加蓋網罩並妥善看管。

（4）與團隊接運行李的人員清點、檢查行李，辦理交接手續，協助將行李裝車。

（5）填寫「團隊行李進出店登記表」並存檔。

三、行李寄存

行李員除了提供運送行李服務外，還負責住宿飯店客人的行李寄存服務。雖然不同飯店對客人寄存行李的管理辦法不同，但基本的服務程序內容大致相同。

（一）寄存行李

（1）客人寄存行李時，行李員應熱情接待，請客人出示房卡，確認客人為住宿飯店客人。原則上只為住宿飯店客人提供寄存行李服務。

（2）禮貌地詢問客人所寄存行李中是否有貴重物品或易燃易爆、易損易腐爛的物品等，如果有則不能寄存，詢問客人提取行李的時間。

（3）檢查行李後，填寫寄存行李卡。請客人確認行李物品件數後，在雙聯「行李寄存卡」（見表3-1）上簽名。

（4）將寄存卡的提取聯交給客人，寄存聯繫在客人行李上，並向客人簡要説明注意事項及飯店的有關規定。

（5）將寄存的行李有秩序地擺放在行李架上，同一客人的行李要集中存放，並用繩子繫在一起避免客人領取時錯拿。

表3-1 行李寄存卡

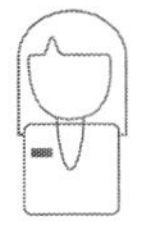

xx飯店行李寄存卡

No. 00036587

姓名＿＿＿＿＿ 房號＿＿＿＿＿ 寄存日期＿＿＿＿＿

行李件數＿＿＿＿＿ 行李狀況＿＿＿＿＿

經手人＿＿＿＿＿

提取日期＿＿＿＿＿ 賓客簽名＿＿＿＿＿

經手人＿＿＿＿＿

備註＿＿＿＿＿

No. 00036587

姓名＿＿＿＿＿ 房號＿＿＿＿＿ 寄存日期＿＿＿＿＿

行李件數＿＿＿＿＿ 行李狀況＿＿＿＿＿

經手人＿＿＿＿＿

（二）提取行李

（1）客人提取行李時，請客人出示提取聯，並與寄存聯核對。

（2）核對無誤後，將行李從行李架上取下，交給客人，請客人當面清點並簽字。

（3）將寄存卡的上聯和下聯裝訂在一起存檔。

（4）如果他人代領行李，則應請客人事先將代領人的姓名和情況寫明，並告訴客人代領人憑行李提取聯和有效證件領取行李。

（5）如果客人的提取聯丟失，必須憑藉足以證明客人身分的證件領取，並要求客人寫出已領取行李的說明，與寄存卡裝訂在一起備查。

四、遞送轉交服務

遞送轉交服務的內容包括：客人的郵件、傳真文件、物品，飯店的各種報刊、信件、表單等，通常由行李員分送到客人房間或飯店相關部門。

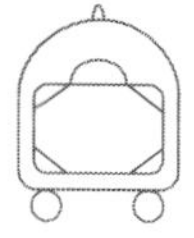

（一）遞送服務

（1）行李員按當日客房狀況顯示的住客情況，派送客房報紙，並填寫報紙遞送記錄。

（2）為了儘量不打擾客人，可以將客人留言條、普通信件或報紙從門縫底下塞入房間；電報、電傳、傳真、掛號信、包裹、匯款單和其他有關物品，一定要當面交給客人，並請客人在登記本上簽收。

（3）客人暫時不在房間時，應留言提示。

（二）轉交服務

住宿飯店客人因有事外出，不能與來訪者會面時，可以委託飯店代為轉交物品。

（1）來訪者有物品需要轉交給住宿飯店客人時，首先要確認飯店有無此客人，然後請來訪者填寫一式兩份的委託代辦單，註明來訪者的姓名、地址、電話號碼，以便聯繫，還要註明轉交物品的名稱和件數。

（2）接受物品時一定要認真檢查，並向來訪者說明不代為轉交易燃易爆、易腐爛物品。

（3）鮮花、水果等，可先送到客人房間擺放好，並將贈送者的名片夾在上面。

（4）如果是住宿飯店客人轉交物品給來訪者，則要請住宿飯店客人寫明來訪者的姓名。待來訪者前來領取時，要請他出示證件並簽名。

五、換房行李轉送

（一）客人在房間時

（1）接到櫃台換房通知後，領取客人所換房間的鑰匙、房卡和換房單。

（2）到客人房間時，要先敲門，經過客人允許方可進入。

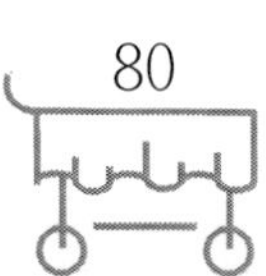

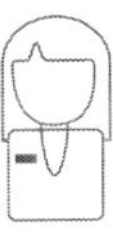

（3）請客人清點要搬運的行李，小心地裝上行李車。

（4）引領客人進入新房間，按客人要求把行李重新放好，請客人在換房單上簽字，收回客人的原房間鑰匙和住房卡，將新的房間鑰匙和住房卡交給客人，向客人道別，離開房間。

（5）將客人的原房間的鑰匙、房卡和換房單送回接待處。

（6）作好換房行李記錄。

（二）客人不在房間時

（1）客人不在飯店要求換房時，行李員、大廳副理、保安或樓層服務員一起造訪客人房間。

（2）共同清點客人行李，注意不要遺留物品，並在換房行李記錄上簽字。

（3）行李轉送到新房間後，按原房間行李位置擺放。

（4）換房完畢，通知接待處。

第三節 委託代辦服務

客務禮賓服務委託代辦服務範圍廣，禮賓部員工應在力所能及的情況下幫助客人，完成客人的各項委託代辦服務。

一、衣物寄存服務

飯店有宴會、大型會議等較大規模活動時，一般由禮賓部安排人員為客人提供衣物寄存服務：

（1）禮賓部接到提供衣物寄存服務的通知後，提前準備好存衣處的掛衣架、存包架、存衣牌等物品；

（2）客人存衣物時，禮賓人員要主動向客人說明貴重物品等謝絕寄存；

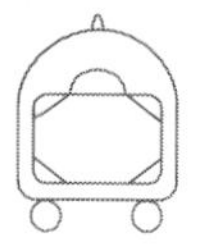

（3）將衣物上架按順序放好，把存衣牌取下交給客人，並提醒客人妥善保管；

（4）認真保管客人所存衣物，閒雜、無關人員不得進入存衣處；

（5）客人憑存衣牌取衣物時，首先核對號碼，然後將衣物交給客人，並請客人當面確認衣物是否完好無損。

二、外修外購服務

（1）客人行李物品損壞或要求代購某些物品，飯店內無法滿足客人要求時，禮賓部值班員應請客人出示房卡，仔細問清外修外購物品的規格、型號、費用、時限等，作好記錄並請客人簽字；

（2）外出為客人修理物品的禮賓員應迅速完成送修、取送、購買任務，手續清楚，各項費用、單據齊全，符合規定；

（3）每次外出聯繫維修、購物等任務完成情況均應填寫工作記錄。

三、尋人服務

禮賓部可以幫助來訪客人在公共區域尋找不在房間的住宿飯店客人。接到客人請求時，行李員先問清住客的姓名，經與櫃台核實後，在客務等公共區域舉著寫有這位客人姓名的「尋人牌」尋找客人。行李員邊舉牌行走，邊敲擊牌上安置的銅鈴或其他發聲裝置，以便提醒客人，還可透過電話與各營業點值班服務員聯繫查找。

四、訂車服務

客人外出要預訂計程車時，行李員可代為聯繫。需要問清客人姓名、房間號及客人預訂時間及目的地。也可以根據客人需要，提前預訂包車。被叫的計程車到達後，行李員應向司機講清楚目的地等。

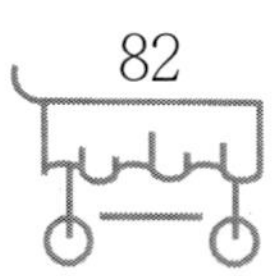

五、雨具出租及保存

（一）雨具出租

（1）住宿飯店客人借用雨傘時，請客人出示房卡，在「雨傘借用登記表」上簽字，認真記錄時間、房號、客人姓名、數量等訊息，並請客人簽字。及時通知櫃台，在電腦上做相應備註。

（2）非住宿飯店客人借用雨傘時，請客人按規定交押金，在登記表上記錄相關訊息並請客人簽字。

（3）向客人展示並確認雨傘的完整性，向客人說明有關賠償事宜。

（4）當客人歸還雨傘時，應當面確認雨傘是否完好，如完好無損，返還客人押金；如有破損要求客人按規定賠償。

（二）雨具保存

雨雪天客人打傘進入飯店時，可為客人提供保存服務。將客人的傘直接折疊放在傘架上，鎖好，將鑰匙交給客人，並提醒客人注意保管。

六、其他服務

飯店提供的其他委託代辦服務還有泊車服務、票務服務、快遞服務、旅遊服務等其他一切合理合法的服務。委託代辦服務，客人要求隨機性強、變化也快，各飯店對此類服務雖有比較明確的規程及規定，但仍需禮賓部服務人員急客人所急，竭盡全力，為客人排憂解難。要做好委託代辦服務，需同飯店外有關單位保持和發展良好合作關係。

七、金鑰匙（Concierge）服務

Concierge名詞，詞義為：門房、守門人、鑰匙看管人。

Les Clefs d'Or（音：lay clay door）名詞，來自法語，是指由為服務行業獻

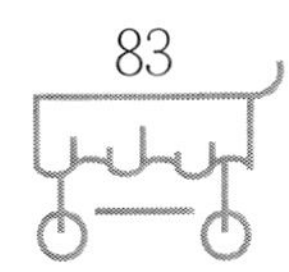

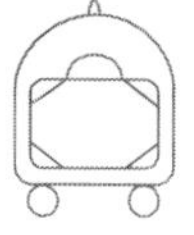

身的飯店委託代辦金鑰匙成員們組成的國際專業組織。

Concierge的國際性組織是「國際金鑰匙協會」，成立於1952年，國際金鑰匙組織利用遍布全球的會員形成的人力網絡，使金鑰匙服務有著獨特的跨地區、跨國界的特點和優勢。

通常，一位飯店客人知道向戴金鑰匙標記的Concierge諮詢以獲得到哪間餐廳就餐的建議或完成一些預訂，但那僅僅是一個開始……一旦對話開始，「金鑰匙」能為您、您的公司甚至是您的家人提供更多的幫助，不只在本地區，在世界上其他城市您亦可享受到「金鑰匙」為您提供的無微不至、無所不能、無處不在的服務。

金鑰匙的Concierge的服務內容涉及面很廣：向客人提供市內最新的流行訊息、時事訊息和舉辦各種活動的訊息，並為客人代購歌劇院和足球賽的入場券；或為城外舉行的團體會議作計劃，滿足客人的各種個人化需求，包括計劃安排在國外城市舉辦的正式晚宴；為一些大公司作旅程安排；照顧好那些外出旅行客人和在國外公務的客人的子女、家人；甚至可以為客人把鴕鳥送到地球另一邊的朋友手中。

金鑰匙在中國最早出現於1990年代，一些大城市高星級的飯店裡，金鑰匙委託代辦服務被設置在飯店大廳，他們除了照常管理和協調好一般常規的工作外，還提供許多其他的更周到、更全面的禮賓服務，有的飯店把金鑰匙的服務稱之為管家式的服務。

案例討論

小輪子不見了

行李員接到一位住宿飯店客人準備離開飯店的通知，立刻到該客人房間取走5件行李，推送行李間，隨後繫上行李牌，等待客人前來點收。

結好帳的客人來清點行李時，好像忽然發現了什麼，頗為不悅地指著一個箱子說：「這個旅行包上的小輪子被你碰掉了，我要你們飯店負責！」

行李員感到很委屈，辯解道：「我到客房取行李時，您為什麼不講清楚？這

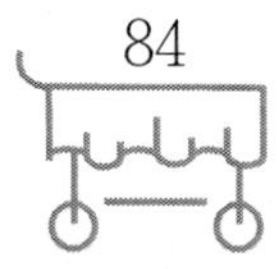

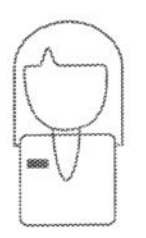

個旅行包原來就是這樣的，我在搬運時根本沒有碰撞過呀！」

客人一聽火冒三丈：「明明是你弄壞的，自己不承認還反咬我一口，我要找你們經理投訴！」

客務值班經理聽到有客人在發脾氣，馬上走來向客人打招呼，耐心聽取客人的指責，同時仔細觀察了旅行包受損的痕跡，向行李員詢問了操作的全過程，然後對客人說：「我代表飯店向您表示歉意，這件事由本店負責，請您提出賠償的具體要求。」

客人聽了這話，正在思索該講些什麼，客務值班經理接著說：「由於您及時讓我們發現了我們服務工作中的差錯，我們非常感謝您！」

客人此時感到為了一個小輪子沒有必要小題大做，於是不再吭聲。客務值班經理抓住時機順水推舟，和行李員一起送客人上車，彼此握別。一樁行李受損的「公案」便這麼輕而易舉地解決了。

問題

1.行李員在搬運客人行李時應該注意哪些事項？

2.你認為客務值班經理的哪些做法值得我們學習？

本章小結

客務禮賓服務是飯店客務部對客服務的一個重要環節，禮賓部員工的迎送工作、行李服務、委託代辦服務都會給客人留下深刻的印象。本章講述了禮賓部的主要服務項目和服務程序，使學生掌握基本的操作技能。

思考與練習

□知識思考題

1.簡述禮賓員迎送客人的服務程序。

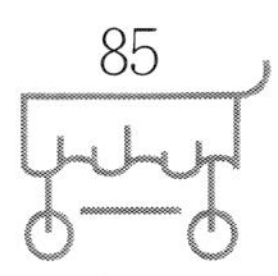

2.簡述客人行李服務程序。

3.如何為客人提供行李寄存服務？

□能力訓練題

1.模擬客人換房時的行李服務。

2.模擬行李寄存服務。

□情景模擬示例

下面以行李員引領初次入住飯店的普通散客進房間作情景模擬示例。

一、業務程序

飯店門口				接待登記		電梯裡			房間			
問候	清點	檢查	引領到登記	站立等候	領取房卡或房間鑰匙	進電梯	介紹飯店服務設施回答客人提問	出電梯	進房間	放行李	介紹房內設施使用法	退出房間

二、業務考量標準

1.問候要簡潔親切；

2.清點、檢查時語言要自然親切，突出服務特色，力避質詢、彙報語氣；

3.引領時要在客人的側前方1～2步遠處；

4.站立等候要在客人身後1.5公尺左右；

5.領取房卡或鑰匙要關注接待員的提示；

6.進出電梯時要注意為客人方便著想，行李員要站在電梯控制盤位置；

7.要主動根據客人情況介紹飯店的服務項目，並耐心回答客人的提問；

8.進房間前先敲門，再用房卡或房鑰匙開門；

9.放行李時要有徵詢語言提示或放在客人指定位置；

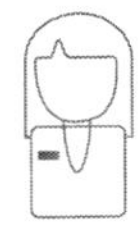

10.介紹房內設施的使用情況要簡明扼要，收費項目要提示；

11.出房間前要交代房卡或房鑰匙及服務電話，並向客人祝福後再退出房間；

12.本業務模擬除了有語言表達外，還要有大量的肢體語言，如站、走、手勢、表情，要符合禮貌禮節的要求。

三、對話參考

行李員：您好，先生，歡迎光臨。

客人：你好。

行李員：（幫客人把行李從後車箱取出後）先生，您一共是2件行李，對嗎？

客人：是的。

行李員：先生，您這邊請。（做出請客人的手勢，並在前邊引領。）

客人：謝謝。

行李員：接待處在這面，您請。

客人：好的。

（客人登記時，行李員站在客人後方1.5公尺處，等候拿取房卡或鑰匙。）

行李員：（客人登記完後，行李員引領客人到電梯。）先生電梯在這邊，請這邊走。（做出指引手勢）

行李員：（在電梯口，客人先進行李員後進。）先生，您是第一次入住我們飯店嗎？

客人：是的，第一次。

行李員：哦，現在我們飯店的健身房剛剛作了調整，新建了游泳池，您感興趣的話可以去體驗一下。

客人：太棒了，我每天都要游泳500公尺的。

行李員：游泳對身體很有好處的。還有，現在我們餐廳剛加了淮揚菜，您可以去品嚐一下，就在三樓。

客人：好的。

行李員：15樓到了，您請。（客人先出行李員後出電梯，做出引領手勢並走在前面。）

（將行李放在門口，敲門，然後用房卡或鑰匙開門。）

行李員：先生您的房間，請！（做出手勢）

客人：好的。

行李員：（進門之後將行李放在行李架上）行李給您放在行李架上可以嗎？

客人：可以啊，謝謝！

行李員：不客氣，先生，給您介紹一下設施設備好嗎？

客人：好啊！

行李員：空調開關在這，有控制鈕您可以調溫；這是寬頻的接口，上網是免費的；冰箱裡有酒水但是另收費的；熱水24小時供應。如果您還有什麼需要幫助的，電話直接撥9就可以。

客人：好的，謝謝！

行李員：不客氣！先生，這是您的房卡，請收好。祝您住宿飯店愉快！

客人：好的，再見。

行李員：再見。（面對賓客後退一步轉身，輕輕把房門關上。）

第 4 章 前台接待服務

本章導讀

客務接待處一般位於客務最顯著的位置，是客務服務與管理的中樞。客房銷售的實際完成，是客務接待處服務人員為客人辦理入住登記手續。客務接待處的工作是建帳、結帳、建立客史檔案等項工作的基礎，是客務工作的重要環節。客務接待服務質量的好壞、效率的高低，直接影響飯店的形象和客人對飯店服務與管理的評價，影響客房的出租率和營業收入。

重點提示

透過學習本章，你能夠達到以下目標：

熟悉接待工作中常見問題的處理對策

掌握散客和團隊客人的接待程序及標準

瞭解櫃台排房與接待技巧

熟悉客房狀況的控制方法

導入案例

13號房間

今年的結婚紀念日對於喬治先生和喬治太太而言有著特別重要的意義。因為這是他們夫婦倆結婚10週年的紀念日，他們想好好慶祝一下。於是夫婦倆選擇了從法國來到遙遠的杭州渡假旅行，在享受溫馨假期之餘，還可以遊覽人間天堂

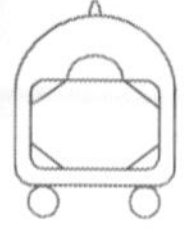

杭州，感受一下濃厚的東方文化。他們倆都期待著這次中國之旅能帶給他們精彩、難忘的回憶。

剛下飛機，他們就馬不停蹄地跟隨導遊參觀了西湖這一著名景點，夫婦倆十分盡興。當天晚上旅行團入住了杭州一家大飯店。富麗堂皇的大廳環境一下子吸引住了夫妻二人的目光，他們滿心歡喜地前往前台辦理入住登記手續。但接過客房鑰匙牌一看，兩人驚愕地對望一下，臉色頓時改變，露出不悅的神情。原來喬治先生和喬治太太被安排住在13號房間，他們拒絕入住，堅持要求前台給他們調換房間。前台小姐聽後並沒有立刻意識到客人要求換房的真正原因，還是不斷地向他們介紹：「先生、太太，其實你們被安排住進的13　號房是我們飯店裡最好的客房之一。」雖然前台小姐極力地遊說兩人入住，但喬治先生和喬治太太卻越聽越反感，他們覺得飯店方面不能瞭解和尊重顧客的需要。喬治先生惱怒地說：「你們實在讓我太失望了！」雙方談話氣氛緊張起來，接下來很可能會引起爭吵，造成不良的影響。這時，飯店經理高先生巡視經過前台，見狀立刻向前台小姐瞭解情況。然後他又仔細翻看了一下喬治先生和喬治太太的入住登記表，發現他們的國籍是法國，立刻悟出他們要求換房的真實原因：他們對「13」這個數字的忌諱。

高經理立即叫前台小姐給兩位顧客更換另外一間客房，並懇切地向他們賠禮道歉說：「這是我們在分配客房時的疏忽，給你們造成這麼多的煩惱，真的十分抱歉！請你們原諒！」面對高經理誠懇的態度，夫婦二人這時已經怒氣全消。喬治夫婦最後被安排住進了18號房間。從高經理手中接過客房鑰匙時，他們臉上終於露出了滿意的笑容。

分析

案例中的問題涉及不同國家、不同民族的顧客的忌諱心理，應特別注意。影響顧客心理和行為的因素中，文化心理因素占著重要的位置。文化心理是指人類社會在漫長的發展過程中所創造的物質財富和精神財富的總和。不同國家和地區、不同民族的顧客生活在不同的文化背景中，具有不同的民俗習慣，有不同的宗教信仰和忌諱心理，例如西方最忌諱的數字是13，中國廣東等省份忌諱的數

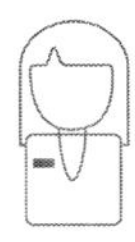

字是4等，飯店在服務時應該特別注意。否則，小事也會傷害顧客的感情。

第一節 入住接待程序

櫃台對每位住宿客人都要依照國家法規及有關制度辦理入住登記手續。住宿登記是整個入住接待服務過程中必要的、關鍵的階段，也是飯店與客人建立正式合法商業關係的基本環節。

一、入住登記的目的

（1）遵守國家法律中有關戶口管理的規定。

（2）獲得客人相關的個人訊息。

（3）滿足客人對所需客房及房價的要求。

（4）為飯店相應表格、文件的形成提供了可靠依據。

（5）向客人推銷飯店其他服務項目及設施的好時機，方便客人的選擇。

二、入境人員住宿登記的要求

（一）入境人員住宿登記的法律依據

（1）《中華人民共和國外國人入境出境管理法》；

（2）《中華人民共和國外國人入境出境管理法實施細則》；

（3）《中國公民往來臺灣地區管理辦法》；

（4）《中國公民因私事往來香港、澳門地區暫行管理辦法》；

（5）《旅館業治安管理辦法》；

（6）《中華人民共和國治安管理處罰法》。

（二）入境人員住宿登記的對象和範圍

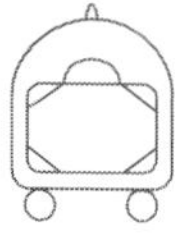

在中國住宿時需辦理入境人員登記手續的人員包括：外國人、華僑、港澳同胞。

（三）正確填寫臨時住宿登記表

凡是境外人員來華臨時住宿，必須按規定逐項認真填寫「境外旅客臨時住宿登記表」（見表4-1），用中英文標明公安部統一規定項目。登記表原則上由本人填寫，也可由接待人員代為填寫。填寫要求及注意事項如下所述。

（1）外文姓、外文名必須使用英文印刷體填寫，不能縮寫，要保證字母填寫完整，不能漏字；中文姓名必須使用中文正楷填寫，保證字跡清晰；對於證件中外文姓、外文名、中文姓名均能填寫的客人，必須將三項按標準全部填寫，不能遺漏。

（2）性別用中英文均可，如實填寫。

（3）出生日期、抵達飯店日期、離開飯店日期、簽證有效期必須按照標準填寫無誤。

（4）國家或地區必須使用國際統一標準，並具有普遍可知性。地區指中國的香港和澳門。

（5）證件種類必須填寫經核查無誤的有效證件。

（6）外國人根據所持簽證填寫，如「D」（定居簽證）、「Z」（職業簽證）、「X」（學習簽證）、「L」（旅遊簽證）、「C」（乘務簽證）、「G」（過境簽證）、「J-1」（常駐中國的外國記者簽證）、「J-2」（臨時來華採訪的外國記者簽證）等；如用「外國人居留證」登記，可根據居留證身分欄填寫相應的簽證或填「無簽證」；港、澳同胞和華僑均填「無簽證」。

（7）何處來、何處去是指到此地的前一站和下站的地方，具體到市、縣名。

（8）停留事由分為探親、旅遊、經商、訪問、就職等。

（9）接待單位：有接待單位的境外人員必須如實填寫，對於大家所熟悉的

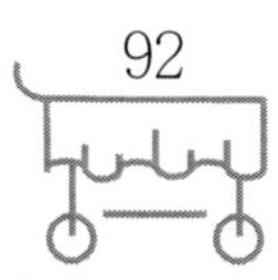

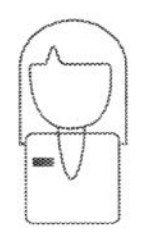

可用縮寫，如：中旅——CTS、國旅——CITS、青旅——CYTS；對於企事業單位接待的，必須填寫清楚單位名稱。

表4-1 境外人員臨時住宿登記表

REGISTRATION FORM OF TEMPORARY RESIDENCE FOR VISITORS

請用正楷字填寫(IN BLOCK LETTERS)

英文姓 Surname			英文名 Given Name		
中文姓名 Chinese Name		性別 Sex		出生日期 Date of Birth	年 月 日 y m d
證件種類 Type of Certificate			證件號碼 Certificate No.		
國籍(地區) Nationality or Region		證件有效期 Certificate Expiry Date	年 月 日 y m d	停留事由 Purpose of Stay	
簽證種類 Type of Visa		簽證簽發地 Visa Issued at		簽證號碼 Visa No.	
簽證有效期 Visa Expiry Date	年 月 日 y m d	入境海關 Port of Entry		入境日期 Date of Entry	年 月 日 y m d
入住日期 Date of Check in	年 月 日 y m d	擬離店日期 Date of Check out	年 月 日 y m d	預定停留天數 Days of Stay	
從何處來 Where from			到何處去 Where to		
工作/接待單位 Work/Host Unit				聯繫電話 Telephone No.	
房號 Room No.		房型 Room Type		房價 Room Rate	
付款方式 Ways of Paying	☐現金 Cash	☐旅行支票 Traveler's Cheque	☐信用卡 Credit Card	☐旅行社憑證 T/A Voucher	☐其他 Others
賓客簽字 Guest Signature			請注意(PLEASE NOTE): 1.退房時間是中午12:00 Check out time is 12:00 noon. 2.總台收銀處設有免費貴重物品保險箱。 Safe deposit boxes are available at Cashier's Counter free of charge.		
接待員 Receptionist					
備註 Remarks					

(10)房號:要準確清楚填寫客人所住賓館的房間號,客人房間變更時,要按規定及時報知公安出入境管理部門。

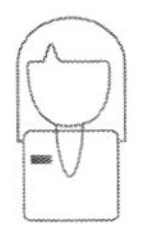

（11）備註：有特殊情況的客人需註釋時填寫此項。

持團體簽證的旅遊團隊，要交團體簽證原件（入境章和簽證齊全）的影印件，免填住宿登記表。

三、散客入住接待程序

（一）主動問候，表示歡迎

客人到達櫃台時，接待員面帶微笑向客人問好致意。如果知道客人的姓名，應用姓名稱呼客人。

（二）識別客人有無預訂

為客人辦理住宿登記時，接待員應詢問客人是否有預訂。

（1）對於已經訂房的客人，接待員應迅速查找「預期抵達飯店一覽表」，調出訂房資料，複述訂房要求。

（2）若客人持有訂房憑證（Voucher），向客人複述憑證所列各項內容：客人姓名、飯店名稱、居住天數、房間類型、抵離開飯店日期、訂房憑證發放單位的印章等，接待員應將副本留下作為向代理機構結算的憑據。

（3）對於已付訂金的客人，應再次向客人確認已收到的訂金數額。

（4）對於未預訂而直接抵達飯店的客人，應首先詢問其用房要求，同時查看房間狀態，確定是否可以滿足客人的要求。若能提供客房，可為客人辦理入住登記手續；如沒有客人要求的房型，可根據飯店客房使用情況，向客人推銷其他類型的客房。如果不能滿足客人的要求，也應設法為客人聯繫其他飯店，主動幫助客人，給客人留下美好形象。

（三）介紹房間，定價排房

對已辦理預訂的客人，根據預訂確認書中表明的房型安排房間，執行已標明的價格，不能隨意變更。

對沒有預訂的客人，主動、耐心地詢問客人的具體要求，向客人推薦兩種以上不同類型、價格的房間供其選擇，並對不同類型房間的狀況、特點加以詳細介紹，儘量滿足客人的各種要求。接待員在定價時，根據客人的要求、飯店的政策和自己的權限加以確定。房價確定後，注意向客人重複，進一步得到客人的確認後為客人安排房間。

接待員應根據客人的住宿要求和客房住房情況著手排房，排房時應以提高客人滿意度和客房出租率為出發點，講究一定的順序以及排房藝術。

1.排房順序

排房時，應按以下順序先後進行：

（1）團體客人。

（2） VIP客人和常客。

（3）已付訂金的預訂客人。

（4）要求延期離開飯店的客人。

（5）普通預訂且準時抵達飯店的客人。

（6）無預訂的散客。

2.排房方法

（1）團體客人採取相對集中的原則，儘量安排在同一樓層或相近的樓層。

（2）將內賓和外賓分別安排在不同的樓層。

（3）將殘疾人、老年人和帶小孩的客人儘量安排在離電梯較近的房間。

（4）對於常客和有特殊要求的客人應予以照顧，滿足其要求。

（5）儘量不要將敵對國家的客人安排在同一樓層或相近的房間。

（6）應注意號碼忌諱，如西方客人忌「13」，一些地區的客人忌帶「4」的樓層或房號。

（四）查驗證件，填寫住宿登記表

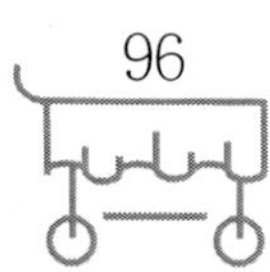

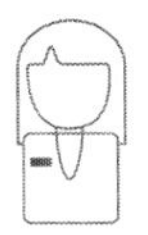

對於已辦理預訂手續的散客，由於飯店已掌握了部分資料，可在客人抵達飯店前準備「住宿登記表」（見表4-2）、歡迎卡、鑰匙，並裝入信封，請客人出示有效身分證件，將空缺項目填全，並請客人在登記表上簽名。

表4-2 住宿登記表

姓名		性別		年齡	
有效證件種類		證件號碼			
證件地址					
抵店日期		離店日期		逗留天數	
房間類型		房間號		房價	
結帳方式	□現金　□支票　□信用卡　□旅行社憑證				
	□其他				
備註					
客人簽名		接待員			
請注意: 1.退房時間是12:00　2.貴重物請存放在前台保險箱內 3.來訪客人請在23:00前離開房間　4.退房請交回鑰匙					

對於已預訂的貴賓或常客，由於飯店掌握的訊息更加全面，客人抵達飯店時，只需在登記單上簽字認可。通常貴賓還可以享受在房內辦理登記手續的特殊禮遇。

對未辦理預訂而直接抵達飯店的客人，請客人出示有效身分證件並加以查驗，逐項填寫登記表，並請客人簽名，儘可能縮短辦理登記手續的時間。

填寫登記表時，注意項目填寫完整，特別注意證件號碼、房號、房價、付款方式、抵離開飯店日期準確，接待員應在規定位置簽名。

有效身分證件包括：中華人民共和國居民身分證、臨時身分證、軍官證、警官證、士兵證、港澳同胞回鄉證、臺灣居民往來大陸通行證、中華人民共和國旅行證、中華人民共和國出入境通行證、護照、聯合國通行證等。

（五）確定付款方式，收取押金

為確保飯店的利益，接待員在為客人辦理入住登記手續時，應瞭解客人的付款方式並請客人交納押金，同時填寫押金單交給客人，請客人妥善保管。客人常用的付款方式一般有：現金支付、信用卡支付、簽單轉帳支付、支票支付等形式。

1.現金支付

對飯店而言，客人用現金支付風險小，利於資金周轉，也很方便。接待員可根據飯店訂金政策和客人預住天數決定客人押金數額。

2.信用卡支付

接待員根據客人預住天數確定預付金額，使用POS機為客人刷卡並請客人簽字，然後將信用卡、簽購單的客人聯及押金單交給客人。

3.簽單轉帳支付

接到簽單協議單位書面通知或由簽單人在入住登記單上簽字後，客人可採用簽單轉帳方式支付。接待員要向客人具體說明轉帳款項範圍，如房租、餐費等，不能轉帳的項目需要客人自付，同時說明辦理客人自付項目的有關手續及規定。

4.支票支付

通常中國國內企事業單位、公司等用支票支付，在實際操作中要注意檢查支票上的印章、帳號、填寫的內容等是否清晰，填寫的日期是否在有效期內，密碼是否正確等，或馬上直接存入銀行以便確認真偽。並請客人背書聯繫人和聯繫方式，填寫押金單交給客人。

（六）發放房卡和鑰匙

接待員在完成上述工作後，填寫房卡，寫清房號及客人抵離開飯店日期，請客人簽名並和房間鑰匙一起交給客人，或將鑰匙交給行李員，由行李員送客人進房。房卡（Hotel　Passport），也稱鑰匙卡、歡迎卡，它起著證實客人身分的作用，也是客人在店內簽單消費的憑證。

（七）傳遞、儲存訊息

客人辦理完入住登記手續離開櫃台後，接待員首先要把客人的入住訊息及時

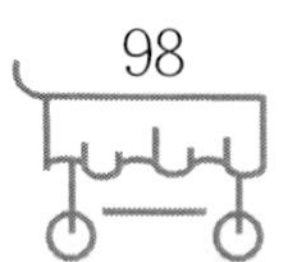

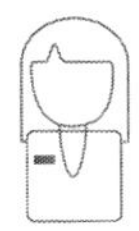

通知客房部，以便客房部更快捷地為客人提供各類服務。同時將住宿登記表中的有關內容輸入電腦，並將填寫好的表格、資料分類存檔。

散客入住接待程序見圖4-1。

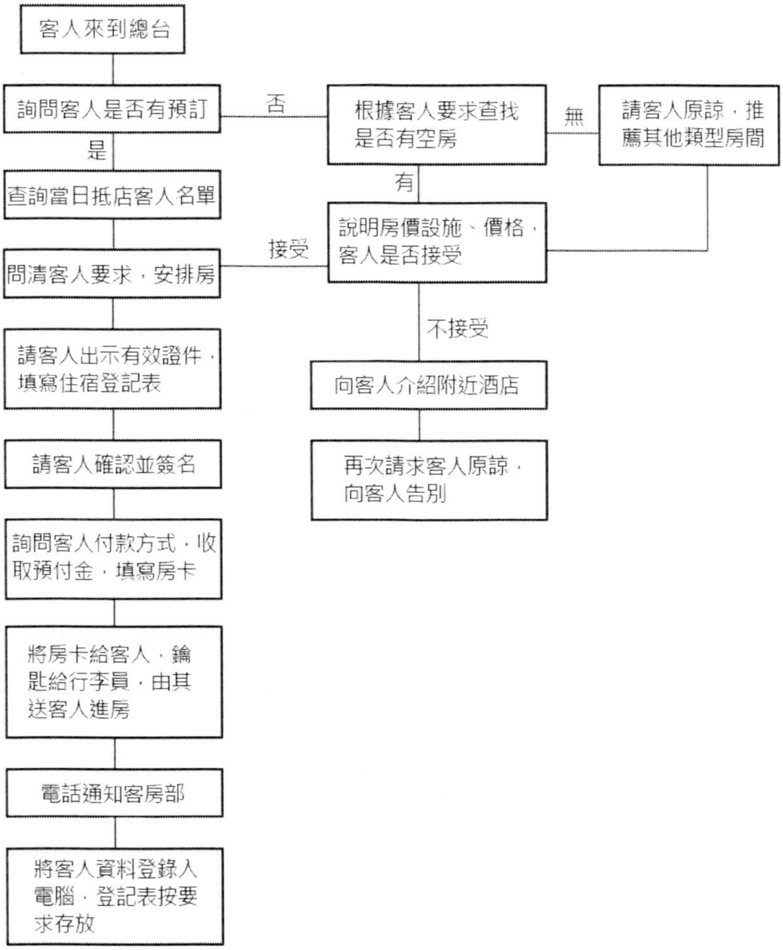

客人來到總台
詢問客人是否有預訂
是 → 查詢當日抵店客人名單
否 → 根據客人要求查找是否有空房
無 → 請客人原諒，推薦其他類型房間
有 → 說明房價設施、價格，客人是否接受
接受 → 問清客人要求，安排房
不接受 → 向客人介紹附近酒店 → 再次請求客人原諒，向客人告別
請客人出示有效證件，填寫住宿登記表
請客人確認並簽名
詢問客人付款方式，收取預付金，填寫房卡
將房卡給客人，鑰匙給行李員，由其送客人進房
電話通知客房部
將客人資料登錄入電腦，登記表按要求存放

圖4-1 散客入住接待程序圖

四、團隊客人入住接待程序

團隊客人用房較多，一般都會事先預訂，接待處要提前做好準備工作，提高

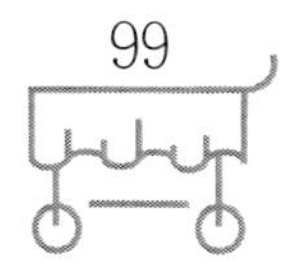

團隊客人入住登記的服務效率。

1.團隊抵達飯店前的準備工作

（1）根據團隊預訂單的要求，查看房態，安排客房，並將排房情況通知客房部、餐飲部、禮賓部等部門，做好準備和配合工作。

（2）提前準備團隊鑰匙、歡迎卡、餐券等，並裝入信封內。

2.團隊入住接待程序

（1）團隊到達時，大廳副理及客務接待員熱情迎接，並引領至團隊接待區域。

（2）根據團隊通知單相關項目內容與團隊領隊或導遊核對，並請其協助填寫團隊客人登記表。

（3）由團隊領隊或導遊依據名單，將鑰匙信封分發給客人，安排客人進房間。

（4）團隊領隊與導遊確認團隊人數、房間數、付款方式、用餐時間、是否安排叫醒服務及離開飯店要求等有關事項。

（5）將標明房號的團體客人名單交給禮賓部，禮賓部負責安排行李員將行李送至客人房間。

（6）接待員將團隊入住訊息通知客房部，同時輸入電腦系統，將有關表格分類存檔。

第二節 客房狀況控制

客房狀況（Room Status），又叫客房狀態、房態，是指對客房待租、占用、清理等情況的描述或標示。客房銷售及客務接待服務質量，在很大程度上依賴於有效的客房狀況控制。客房狀況顯示系統可以及時為客房預訂、銷售和接待部門提供準確的客房銷售、使用狀況，為分析客房銷售狀況及制定預訂的決策提

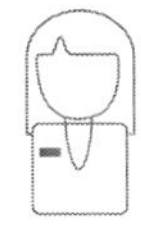

供依據。因此，建立適當的房態顯示系統，準確控制客房狀況，是做好飯店客房銷售工作和提高客務接待服務質量的關鍵。

一、客房狀況的種類

目前，飯店的房態顯示系統主要有兩種，客房現狀顯示系統和客房預訂顯示系統。

（一）客房現狀顯示系統

（1）住客房（Occupied Room，OCC），指住宿飯店客人正在使用的房間。

（2）走客房（Check-out Room，C/O），也叫髒房（Vacant Dirty，VD），客人已結帳退房，待清掃或正在清掃的房間。

（3）空房（Vacant　Room，VC），又稱OK房。指已完成衛生清掃工作，客房已經客房領班查房合格，隨時可以出租的客房。

（4）待修房（Out of Order Room，OOO），又稱壞房。指房間內的設備設施故障待修或正在修理而不能出租的房間。

（5）保留房（Blocked　Room，BR），為當日抵達飯店的會議、團隊、重要客人及預訂客人而提前預留的房間。

此外，對於下列幾種狀態的客房，客房部在查房時，應注意掌握並通知櫃台，更好地做好對客服務工作。

（1）外宿房（Sleepout，S/O）。指客人在外留宿未歸的房間。

（2）請勿打擾房（Do Not Disturb，DND）。住客為了不受干擾，門把手上掛有「請勿打擾」牌或打亮客房門口「請勿打擾」燈。

（3）雙鎖房（Double Locked，DL）。客人從房內雙鎖客房，服務員使用普通鑰匙無法打開門的客房，對這種客人要加強觀察和定時檢查。

（二）客房預訂狀況顯示系統

客房預訂狀況顯示系統又稱長期狀況顯示系統，顯示未來某一時間房間的預訂和可出租狀況。

二、客房狀況的控制方法

飯店的房態時常處於變化之中，為了避免由於工作上的差錯而造成房態顯示系統與實際房態不符，出現「重房」或「漏房」等現象，造成工作被動、客人不滿等情況發生，客務部和客房部應及時變更房態，加強訊息溝通，透過房態的檢查、核對等方法來控制房態。

（一）客房狀況及時轉換

客務部和客房部密切配合，及時溝通，根據客人入住、退房等活動及客房清理、客房維修等工作及時轉換房態，保證房態顯示系統與實際房態相符。

1.入住

客人在辦理完入住登記手續後，接待員應立即將資料輸入電腦，或製作客房狀況卡條，將「空房」改為「住客房」，同時通知客房部。

2.換房

客人換房後，及時在電腦中進行換房操作，改變房態：原客房由「住客房」改為「走客房」，變更後的房間由「空房」改為「住客房」。

3.退房

客人退房時，應立即通知客房服務中心，並為客人辦理結帳和退房手續，同時改變客房狀態。採用電腦管理系統的飯店，房態自動由「住客房」改為「走客房」。

4.清理房間

客房服務員清理完走客房，領班查房合格後，應通知房務中心將「走客房」改變為「空房」。

5.維修、封閉客房

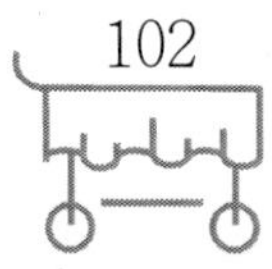

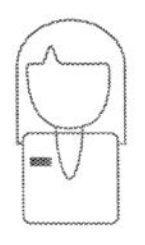

客房設備故障需要維修時，房務中心應將房態改為「維修房」；飯店在淡季客流量下降、計劃維護設備、組織人員培訓等情況下，封閉部分客房和樓層。接待員應在接到準確的指令後，在電腦或客房狀況架中及時進行調整。

（二）加強訊息溝通，做好房態核對

銷售部、預訂處、櫃台接待處、客房部之間保持訊息溝通順暢，及時調整，糾正偏差，確保客房預訂顯示系統的準確性。櫃台接待處及時將客人入住、換房、離開飯店等訊息通知客房部；客房部將客房的實際狀況訊息反饋給接待處，雙方定時進行房態核對，並實施房態控制。如發現與實際房態不符的情況，應先將房態顯示系統中的房態更改為實際房態，再進行分析、處理。另外，客務部還要將客房維修計劃、保養維護計劃等事項與客務部、銷售部進行及時溝通。客人住宿飯店期間的住房變化，由接待員以換房單等形式通知收銀處。客人離開飯店後，收銀員立即通知客房部，由客房部及時安排走客房的衛生清掃，盡快使客房進入到待租的狀態中。

總之，正確控制客房狀況，主要是為了有效地銷售客房，為客人提供滿意的服務。櫃台接待、收銀、預訂與銷售部、客房部要始終保持訊息溝通及協作，房態變更、轉換控制訊息及時傳遞，提高對客服務的效率和質量。

第三節 問訊服務

住宿飯店客人大多來自外地，需要隨時瞭解他們關心的問題，提供幫助。櫃台一般設有問訊處，可單獨設置問訊員，也可由接待員兼任，為客人提供問訊服務。問訊服務不僅包括解答客人的詢問，同時還為客人提供查詢、留言等服務。

一、查詢服務

來訪客人查詢某位客人是否入住本飯店時，應先在電腦「住宿飯店客人」名單中查找，確認其房號，詢問來訪者姓名等基本訊息，然後打房間電話聯繫客人，將有人來訪的訊息告訴住客，經客人同意後才可將房間號碼告訴來訪者。如

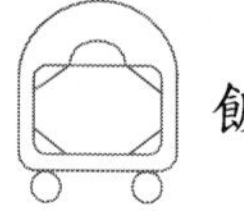

果客人不在房間內，可提供留言服務，不能直接將來訪者帶入客房或直接將房號告訴來訪者。如果客人要求保密，則告訴來訪者該客人未住本飯店。如果查詢的客人是預訂而未抵達飯店者，可請來訪者留言，等客人到達後將留言轉交客人。

二、留言服務

（一）訪客留言服務

「訪客留言」是指來訪客人給住宿飯店客人的留言。當住宿飯店客人不在房間時，問訊員可以向訪客建議為住宿飯店客人留言。「訪客留言單」（見表4-3）通常一式三聯，第一聯放入鑰匙、郵件架內，第二聯送達總機，開啟留言燈，第三聯則裝入信封，交給行李員將留言信封從房門下塞進房內。這樣，客人可以儘早獲知訪客留言的訊息和內容。

（二）住客留言服務

「住客留言」是指住宿飯店客人給來訪客人的留言。如果住宿飯店客人外出時希望給來訪者留言，問訊員請客人填寫「住客留言單」（見表4-4），存放在問訊架上，如果客人來訪，可將住宿飯店客人所填寫的留言單（應提前裝入信封）交給來訪者。

接受客人電話留言時，要聽清客人留言內容，準確填寫留言單，並複述請客人確認，然後按留言服務程序辦理。

表4-3 訪客留言單

（VISITORS MESSAGE）

女士或先生(MS OR MR)　　　　房號(ROOM NO.)

當您外出時(WHEN YOU WERE OUT)

來訪客人姓名(VISITOR'S NAME)__________來訪客人電話(VISITOR'S TEL)__________

□將再來電話(WILL CALL AGAIN)　　　　□請回電話(PLEASE CALL BACK)

□將再來看您(WILL COME AGAIN)

留言(MESSAGE)____

____

____

經手人(CLERK)________　日期(DATE)________　時間(TIME)________

表4-4 住客留言單

(GUEST MESSAGE)

日期(DATE) ____________

女士或先生(MS OR MR) ____________ 序號(ROOM NO.) ____________

至 TO ____________

由 FROM ____________(AM/PM)至 TO ____________(AM/PM)

我將在(I WILL BE) ____________

我將於……回店(I WILL BE BACK AT) ____________

留言(MESSAGE) ____________

經手人(CLERK) ____________ 客人簽名(GUEST SIGNATURE) ____________

三、郵件服務

(一)接收郵件

收到郵件後，應仔細清點、打時，在郵件收發簿上記錄日期和時間，迅速、準確地發送。

(1)確認客人的姓名和房號，查找到後用鉛筆在信件上寫上房號。

(2)打房間電話聯繫客人，如果客人在房間，可派行李員將信件送入客房，請客人在郵件收發簿上簽字，表示收到。

(3)如果客人不在房間，可派行李員將郵件通知單塞進客人房間，通知客人領取。

(4)對寄給已離開飯店客人的一般郵件，如果客人離開飯店時委託飯店轉寄，飯店應予以辦理，否則應按寄件人的地址退回。

(5)寄給住宿飯店客人，但名單上查無此人的郵件，應根據不同情況進行處理。

(6)對於預訂尚未到達的客人的郵件，應與該客人的訂房資料一起存檔，待客人入住時轉交。

（二）郵寄服務

為了方便住宿飯店客人，飯店也可以為客人提供郵寄服務。熱情接待客人，檢查客人準備郵寄的郵件是否有禁寄物品。根據客人信件的重量、目的地、郵寄方式，迅速準確計算所需郵資，當面為客人黏貼符合標準的郵票並按時將信件送往郵局。

第四節 常見問題的處理

一、調換房間

（1）瞭解換房原因。調換房間往往有兩種可能，一種是客人主動要求的，一種是飯店方面要求的。客人可能因正在使用的房間在價格、大小、類型、噪音、舒適程度、客人人數變化以及所處位置等方面不理想而要求換房。飯店可能因為客房設施設備出現故障、客人延期離開飯店、為團隊客人集中排房等而向客人提出換房要求。

（2）查看客房狀態，為客人安排房間。客人要求換房的，換房後執行新房價；飯店自身原因要求客人換房的，要對給客人帶來的不便表示歉意，原則上換等級相同的房間，如果沒有，應做客房升級，且執行原客房收費標準。

（3）填寫「換房通知單」（見表4-5）。由行李員分送至客房部、預訂處、收銀處、總機等相關部門。這些部門應根據換房通知單修訂原有資料。

表4-5 換房通知單

換房通知單 ROOM CHANGE LIST		
日期（DATE）______	時間（TIME）______	
賓客姓名（NAME）______	抵店日期（ARRIVE DATE）______	離開日期（DEPT DATE）______
房號（ROOM）	由（FROM）______	轉到（TO）______
房租（RATE）	由（FROM）______	轉到（TO）______
理由（REASON）______		
客人簽名（GUEST SIGNATURE）______		
當班接待員（CLERK）______	行李員（BELLBOY）______	
客房部（HOUSEKEEPING）______	電話總機（OPERATOR）______	
前台收銀處（F/O CASHIER）______	訊問處（MAIL AND INFORMATION）______	

（4）發放新的房卡與鑰匙，收回原房卡與鑰匙。

（5）接待員更改電腦資料，更改房態。

二、更改離開飯店日期

客人在住宿過程中，由於情況變化，可能會提出提前離開飯店或延期離開飯店的要求。如果客人要求提前結帳離開飯店，應及時通知客房部查房並盡快清掃房間。

飯店的結帳時間一般為12：00，有些飯店允許客人適當推遲退房時間，但時間亦不會太長，一般會延長到14：00。如果時間較長，可根據飯店規定視情況收取房費。

客人要求延期離開飯店時，要問清客人續住時間，查看房態，確定是否能夠滿足客人的要求。如果可以，接待員要填寫「推遲離開飯店通知單」，通知客房部、預訂處、收銀處等相關部門，並更改電腦資料。

三、遇到不良記錄客人

飯店把有不良記錄的客人列入黑名單，如果名單上的客人再次光顧飯店時，接待員可以憑客史檔案或以往經驗，認真、機智、靈活地予以處理。例如，對於

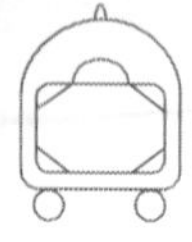

信用程度低的客人，透過收取預付款等方式確保飯店利益不受損害；對於曾有惡劣行跡、可能對飯店造成危害的客人，則應以「飯店沒有空房了」等委婉說法，巧妙地拒絕其入住。

案例討論

案例1

要求房間保密

一位孫先生入住2808房，要求房間保密。第二天，一位自稱為該客人妻子的女士到飯店前台接待處查詢這位客人，接待員小鄭透過電腦得知客人申請保密，便禮貌告知查無此人。但該女士說其丈夫肯定在這裡住，現在找他有急事，要求接待員仔細查找。此時小鄭靈機一動，說：「我再到辦公室幫您查一下住客資料。」小鄭來到後台，透過電話告知2808客人前台有人找他，客人問明情況後表示要求迴避。於是小鄭回到前台再次對女士說查無此人。女士見問訊員不厭其煩地找了幾遍都沒有結果也就離開了。

問題

小鄭這樣做對嗎，為什麼？

案例2

我要住一天

住在609房的潘小姐是從小鎮專程來城市裡購買嫁妝的。上午，她又是走商場又是逛專賣店，拎著大包小包回到飯店時已過中午12點了。當她掏出房卡開門時，卻怎麼插都無濟於事，門就是打不開。

當她問過正在隔壁房間做衛生的服務員後，才知道過了中午12　點，已取消住房資格，要入房必須到總服務台重新辦理入住手續。但她不明白的是：自己明明昨天下午4　點進飯店時講的是住一天呀，怎麼還不到一天（24　小時）就不讓進房了？

潘小姐拎著大包小包乘電梯下樓，當她找到總服務台時，櫃台接待員也與樓

上服務員說的一樣，再進房必須再交錢！

潘小姐一頭霧水。她不免抬高了音量，「責問」櫃台接待員道：「我昨天下午4點住進來的，我明明說是要住一天的，怎麼一天沒到，就不讓進門了？」

櫃台接待員不知如何回答是好，只能說：「對不起，這是飯店的規定，過了中午12點，下午要再住，要重新辦入住手續。你還要再住嗎？」潘小姐不滿地說：「我說好住一天的，怎麼不到24小時就算住一天，你們宰客是不是？我下回再也不住你們這裡了。」「如果你不住了，我可以叫樓上服務員幫你開門，把行李提出來。現在就按一天結算好嗎？」櫃台接待員十分冷靜地建議道。最終，潘小姐還是憋著一肚子的氣把帳結了，然後拎著東西頭也不回地離開飯店。

問題

1.「住一天」到底是多長時間？如何為客人解釋呢？

2.你認為該怎樣避免類似事件的發生？

案例3

不能住套房

入夜，蘇州一家三星級飯店的大廳燈火輝煌。一個中國國內旅遊團正值此時抵達飯店，旅遊團領隊正高聲唸著團友的名字分發房間鑰匙。當領隊唸到一位團友名字時，這位中年女團友對領隊說：「我自己住一間套房，加多少錢我自己付，因為今晚我要見一位當地的朋友，你看可以嗎？」領隊回答說：「當然可以，等會兒我陪你去辦一下手續。」

領隊和這位打扮入時的中年婦女一起來到櫃台。

中年婦女剛說要開一間套房，櫃台接待員小蘇就開口了：「你是旅遊團的不能住套房。」

小蘇這句話猶如一塊巨石落進了平靜的湖面。「什麼？我不能住套房？我第一次聽說我不能住套房！你以為我住不起套房還是怎麼的？」中年婦女氣得火冒三丈。

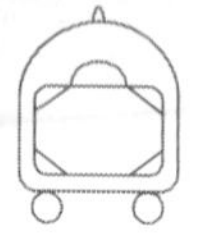

小蘇急忙申辯道：「不，不是這個意思。你聽我……」

小蘇話還沒有說完，中年婦女就打斷她的話：「我要找你們經理，你跟我說不著！」

當大廳副理急匆匆地趕過來時，中年婦女又朝著他扯開了嗓門：「你是經理吧，你的服務員怎麼這麼不懂規矩。不等我把要求講完，就斷定我不能住套房，我走到哪裡還從沒有人這樣看不起我！」

「您別急，是我們服務員不對。我立即為您開一間套房。這樣吧，高出價格部分我做主為您免了，您看可以嗎？」大廳副理快刀斬亂麻。這麼大方的決定讓這位女士吃了一驚，一下子沒了脾氣。「你說話算數？」中年婦女睜著疑惑不解的眼睛問道。「感謝您給我們服務員上了一堂課。服務員不懂得規矩，確實不應該。回頭我再找她談。」大廳副理說完立即在櫃台為這位中年婦女開了一間套房。當把房卡交到領隊手上時，中年婦女才囁嚅地說：「服務員要批評，但高出的房價我還是要付的。」「我是誠意的，請您接受我對您的歉意吧。」大廳副理誠懇地說，一場風波就這樣平息了。

問題

客人為什麼生氣了？如果你是小蘇，你會怎麼做？

本章小結

櫃台是飯店接待服務中的關鍵環節之一，櫃台接待工作的好壞，直接影響飯店的營業收入和飯店的聲譽。本章主要介紹了入住登記的相關知識及接待程序，以及客房狀況控制等內容。做好接待的準備工作、熟悉客房狀況、瞭解對客服務程序，對於做好客房銷售工作以及提供優質接待服務有著非常重要的意義。

思考與練習

□知識思考題

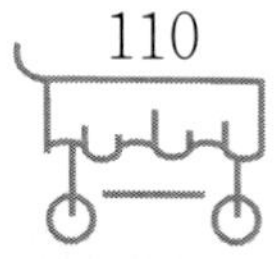

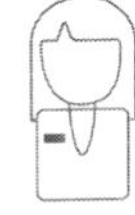

1.前台為客人辦理入住登記手續的目的是什麼？

2.簡述散客入住的接待程序。

3.如何做好問訊服務？

□能力訓練題

1.作有預訂散客入住登記業務情景模擬。

2.作留言服務情景模擬。

3.作換房業務情景模擬。

□情景模擬示例

下面以未預訂可接受普通散客的入住接待情景模擬為示例。

一、業務程序

問候	識別有無預訂	詢問賓客需求，適時、適當推銷，洽談房價	填寫入住登記表			確定付款方式				交接房間鑰匙		祝福目送
			驗證	派房	定價	現金	信用卡	旅行支票	合同等	給行李員	給賓客	

二、業務考量標準

1.問候要簡潔、親切，面帶微笑；

2.詢問賓客需求，推銷、談價語言要善解人意，語氣要溫和，口語化強，內容要緊湊，問話要自然親切，力避質詢語氣；

3.報價要主動，若有折扣要主動說明，若顧客提出折扣優惠要求而飯店不能滿足，要緊跟說明和推銷；

4.查驗有效證件要自然得體，動作要規範，派房、定價要清晰明確地告知賓客；

5.付款方式的確認要具體，服務提示押金收據保存好退房時出示；

6.鑰匙若交給行李員時也要面向賓客交代，使賓客明確；

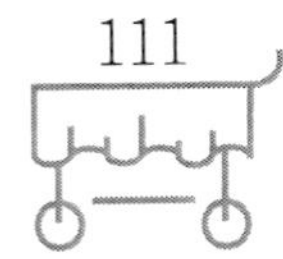

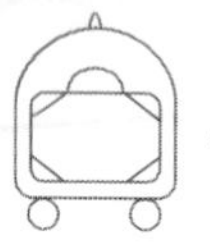

7.致謝祝福要主動、簡短、親切。目送賓客離開櫃台後，再作資料整理；

8.在整個業務過程中要注意派房定價、驗證、確定付款方式、交代鑰匙這四個重要業務點的把握，同時還要配合得體的肢體語言，如目光、表情、手勢等。

三、對話參考

接待員：您好，先生，有什麼需要幫助的嗎？

客人：是的，小姐，我要住宿。

接待員：您想要什麼樣的房間呢？

客人：我要一間行政標準間，有嗎？

接待員：有的，先生，行政標準間每天428元，可以嗎？

客人：還能優惠嗎？

接待員：先生我們現在是旺季，不能優惠了，不過您一定會感到物有所值的。

客人：好的。

接待員：那先生，需要您一個證件幫您登記一下。

客人：好的，這是我的護照。

接待員：謝謝，您稍等。

客人：好的。

接待員：住幾個晚上，王先生？

客人：哦。住一個晚上。（一分鐘後）

接待員：需不需要包早餐。王先生？

客人：要的。

接待員：好的，謝謝您，這是您的護照。

客人：不客氣。

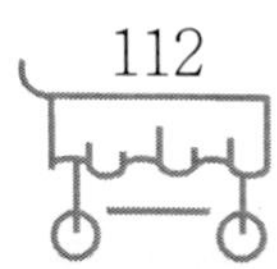

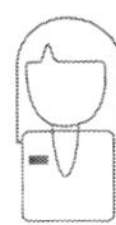

接待員：這樣王先生，需要您500元的押金。你刷卡還是現金？

客人：刷卡。

接待員：好的。那您輸一下密碼吧。

客人：好的。

接待員：麻煩您簽個字。（幾秒後）這是您的押金單，房卡和早餐卡，1508房間。

客人：好的，早餐幾點？

接待員：7：00～9：00的早餐，在一樓四季廳。

客人：好的，謝謝。

接待員：不客氣，祝您住宿飯店愉快，前面右轉是電梯。

客人：好的，謝謝。

第 5 章 商務中心及總機服務

本章導讀

為滿足客人對商務活動的需要，現代飯店往往都設立商務中心。商務中心一般設在飯店大廳安靜、舒適、優雅的位置，一方面方便客人，另一方面便於與客務其他部門聯繫。對於商務客人來説，商務中心就是「辦公室外的辦公室」。

總機是飯店內外溝通的通信樞紐，是飯店與外界聯繫的窗口，其服務質量的好壞直接影響客人對飯店的評價。總機話務員為客人提供各種話務服務，許多客人對飯店的第一印象，就是在與話務員的第一次不見面的接觸中形成的。

重點提示

透過學習本章，你能夠達到以下目標：

瞭解商務中心的服務項目

掌握商務中心工作程序及標準

瞭解總機的主要服務項目

熟悉總機工作程序

導入案例

傳真發出了嗎？

一天早上，一家飯店的商務中心剛剛開始工作，一位住宿飯店客人滿面怒容地走進商務中心，「啪」的一聲將一捲紙甩在桌子上，嚷道：「我昨天請你們發

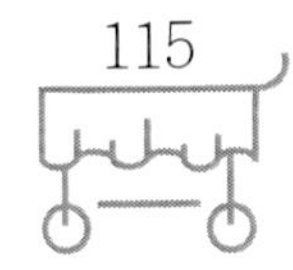

往德國的傳真，對方為什麼沒有收到？小姐，你想想，要是我的客戶因收不到傳真，影響和我們簽訂合約，幾十萬美元的損失誰承擔？」

接待客人的是上早班的田小姐。面對怒氣衝衝的客人，她從容不迫，態度平靜，迅速仔細地審核了給客人發傳真的回執單，所有項目顯示傳真已順利發到德國了。憑著多年的工作經驗，她知道，如果客人的傳真對方沒有收到，責任不在飯店。怎麼辦呢？當面指責客人？不能！因為客人發現對方沒有收到傳真提出質詢，也在情理之中。田小姐誠懇而耐心地對客人說：「先生，您息怒。讓我們一起來查查原因。就從這台傳真機查起吧。」客人欣然表示同意。田小姐仔細地向客人解說了這台傳真機作業的程序，並在兩部號碼不同的傳真機上作示範，準確無誤地將客人的傳真從一台傳到另一台上，證明飯店的傳真機沒有問題。客人比較了兩張傳真，面色有所緩和，但仍然心存疑慮道：「不過，我的那份傳真對方確實沒有收到呀！」為了徹底消除客人的疑慮，田小姐主動建議：「先生，給德國的傳真再發一次，發完後立刻打長途電話證實結果，如果確實沒有發到，傳真、長途電話均免費，您說好嗎？」客人點頭同意了。傳真發完後，田小姐立刻為客人接通了德國長途，從客人臉上露出的笑意可以知道：傳真收到了！

客人掛上電話，面帶愧色地對田小姐說：「小姐，很抱歉，剛才錯怪了你，請你原諒。謝謝你！謝謝你！」田小姐面帶微笑地答道：「沒關係，先生，這是我們應該做的。」最後，客人愉快地付了重發的費用，滿意而去。

分析

本案例中飯店商務中心田小姐對客人反映傳真沒有發出去的意外事件，採取了正確的態度和恰當的處理方法，從而取得了滿意的結果。

首先，田小姐面對客人上門指責的突發事件，沉著冷靜，迅速仔細地審核了傳真回執單所有項目，確定了責任不在飯店的結論，心裡有了底數。

其次，田小姐沒有簡單地指責客人過失，而是設身處地地站在客人的立場上，充分理解傳真拖延客人將損失幾十萬美元的苦衷，採取了從「我」（飯店傳真機）查起的理智做法，使客人樂意接受和配合，有利於搞清問題。

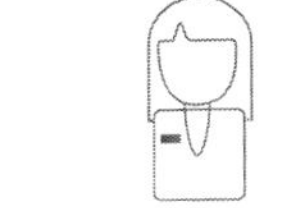

最後，田小姐先後採取了兩台傳真機示範和再發傳真並長途電話證實的合理步驟，打消了客人的疑慮，讓客人心服口服，使問題得到圓滿的解決。

第一節 商務中心的服務

一、商務中心的主要服務項目

商務中心的主要職能是為客人提供各種商務辦公服務，應配有先進齊全的辦公設備和用品，如傳真機、影印機、掃描機、直撥電話、投影機及螢幕、播放器和其他辦公用品，以及商務輔助工具，例如電話簿，最新航班、車船時刻表，報紙雜誌等訊息資料；同時還要配備高素質的服務人員，為客人提供高水準、高效率的商務服務。

商務中心的服務項目很多，主要有打字服務、影印服務、傳真服務、電子郵件服務、祕書服務和設備出租等服務，有些飯店的商務中心還包括會議室服務、翻譯、名片印製等服務。

二、商務中心工作程序及要求

當客人來到商務中心時，商務中心工作人員要禮貌熱情地先問候客人，瞭解客人需要的服務項目，主動向客人介紹收費標準；服務結束後，按規定的價格計算費用，為客人辦理結帳手續。如果客人要求掛帳，請客人出示房卡，核對後，請客人在帳單上簽字。常見服務項目的工作程序及要求如下。

（一）影印服務

（1）接過文件原件問清客人要求。

（2）選擇紙張規格、調整影印張數及顏色深淺程度，按操作要求影印。

（3）若要影印多張，或需要放大或縮小時，應先影印一頁查看影印效果，如無問題再連續影印。

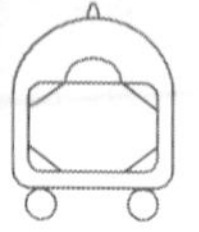

（4）影印完畢，主動詢問客人是否需裝訂，若需要，則按客人要求裝訂好。

（5）取出影本和原件如數交給客人並結帳。

（二）打字服務

（1）問清客人對影印文件的要求，如排版、字體、格式、時間要求等，複述並確認。

（2）瀏覽原稿件，有字跡不清楚之處向客人提出。

（3）告知客人大概的交件時間，並請客人稍候或回房間等候。

（4）打完初稿後，請客人校對或修改。

（5）客人核對無誤後，將文件按客人的要求影印或儲存，並收取費用。

（三）發送傳真

（1）問明客人傳真發往的國家或地區及傳真號碼。

（2）快速瀏覽一下文件原件，如果字體太小或行間距太近，服務員一定要注意提醒客人傳真過去的文件可能會不清晰，可以建議客人放大影印後再傳送。

（3）核對並清點客人傳真稿件的頁碼，將傳真稿件放入傳真機發送架內，正確輸入傳真號碼，按下發送鍵。

（4）如果對方傳真機未接通，呈通話狀態，應告知對方要發送傳真，請對方接通傳真機。

（5）傳真發送完畢，將「OK」報告單與傳真稿件一併交給客人。

（6）根據發送國家、地區及顯示發傳時間、頁數計算費用，辦理結帳手續。

（四）接收傳真

（1）收到傳真來件後，檢查份數、頁數等，同時核實收件客人姓名、房號、付款方式等內容。

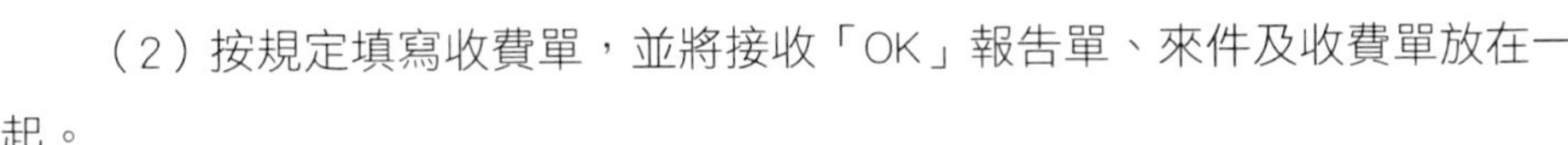

（2）按規定填寫收費單，並將接收「OK」報告單、來件及收費單放在一起。

（3）打房間電話與客人聯繫，通知客人有傳真來件，請客人來取或派行李員將傳真送到房間。

（4）如客人不在房間，必須及時通知問訊處留言，並由行李員將留言單送入客房，留言單上註明客人回來後請通知商務中心，以便將傳真轉交客人。

（5）遇到疑難傳真來件時，應及時向大廳副理請示彙報。

（五）設備出租服務

商務中心一般只向住宿飯店客人提供設備出租服務，而且僅限於在飯店內使用。

（1）熱情主動地問候客人。

（2）瞭解客人對設備的要求，認真填寫「設備出租登記表」，包括客人姓名、房號、設備名稱、型號、規格、租用時間、使用地點等，並請客人簽字認可。

（3）確定付款方式，收取押金。

（4）及時通知相關部門，按時安裝並調整測試到位。

（5）向客人致謝，在換班本上作好記錄。

（6）客人使用完畢後，及時收回並檢查設備，辦理結帳手續。

第二節 總機服務

一、總機的主要服務項目

電話是飯店客人使用頻率最高、必不可少的通信設備。總機服務在對客服務中發揮著非常重要的作用。總機話務員被稱為「看不見的接待員」，一般不與客人見面，但時時刻刻與客人打交道，要用悅耳動聽的聲音為客人提供各種話務服務，讓客人能夠聽見和感受到發自內心的、真誠的微笑。

飯店總機所提供的服務項目主要包括店內外電話的轉接服務、長途電話服務、叫醒服務、問訊服務、留言服務，緊急情況時充當臨時指揮中心。

二、總機工作程序及要求

（一）電話轉接及留言服務

為了提供高效、快捷的電話轉接服務，話務員必須熟記常用的電話號碼，儘可能多地辨認長住客人、常客、飯店管理人員的聲音。具體的工作程序如下：

（1）電話鈴響三聲之內接聽電話，主動問候客人，自報飯店名或職位。外線應答：「您好，XX飯店。」內線應答：「您好，總機。」

（2）仔細聆聽客人的要求，聽完客人講話後請客人稍等，並迅速準確地接轉電話。

（3）當無人接聽的電話轉回總機時，話務員應委婉地向客人說明：「對不起，電話沒有人接，請問您是否需要留言？」

（4）如果客人需要留言，問清留言人姓名、電話和受話人姓名、房號。在留言單上記錄留言內容，重複並請客人確認。也可以將電話轉到櫃台問訊處，請問訊員處理。開啟客人房間的留言燈或請行李員將留言送到客人房間，保證客人能夠及時得到留言。

（5）如果電話占線，徵求客人意見後，可請對方稍等，播放背景音樂，待線路暢通後再為客人轉接。

（二）問訊和查詢電話服務

客人常常會透過總機查詢一些訊息或打電話向總機提出各種問訊，因此，話務員要掌握店內外常用的訊息資料，熱情、禮貌地回答客人的查詢和問訊。

（1）對常用電話號碼，應該對答如流，準確迅速。

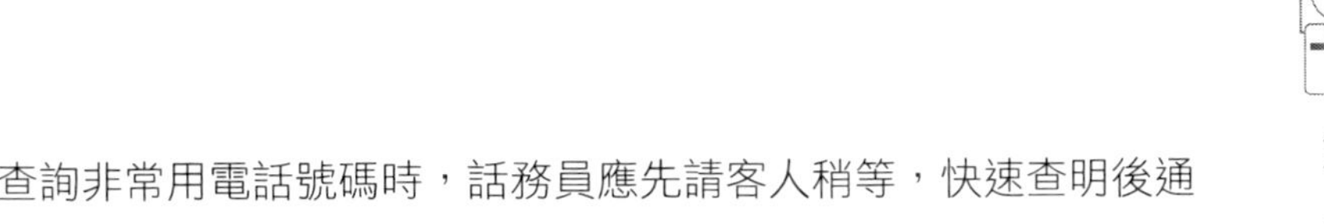

（2）客人查詢非常用電話號碼時，話務員應先請客人稍等，快速查明後通知客人。如果需要較長時間進行查詢，則應主動徵詢客人意見，請客人先留下電話號碼，待查實後，再告訴客人。

（3）如果查詢住宿飯店客人房間電話（房號），話務員應透過電腦查詢，核准後再予以接轉。注意未經住客同意，不能洩漏客人房號。

（4）如果客人不在房間，可主動為客人提供留言服務。

（5）如果客人要求房間保密，則告訴來電者，客人未住本店。

（三）「免電話打擾」（DND）服務

（1）話務員要將所有提出免電話打擾服務要求的客人的姓名、房號記錄在交接本上，並註明接到此通知的時間。

（2）話務員將這些客人房間的電話號碼透過話務台鎖上，並及時準確地把這一訊息通知給所有的當班人員；要在值班記錄上註明，交接班時要注意提醒接班人員。

（3）在客人接受免電話打擾服務期間，若有人來電要求與客人通話聯繫，話務員應將客人不願意被打擾的訊息禮貌地告知來電者，並建議其留言或是等客人取消免電話打擾服務之後再進行聯繫。

（4）客人取消了免電話打擾服務後，接到通知的話務員應立即透過話務台釋放被鎖住的電話號碼，並在交接班本上註明取消的時間。

（四）叫醒服務

電話叫醒服務（Wake-up Call）是飯店對客服務的一項重要內容，涉及客人出行的航班、車次以及日程安排，特別是叫早服務（Morning Call），因此，絕對不能出現差錯。否則，會給飯店和客人帶來不可彌補的損失。飯店向客人提供24小時的叫醒服務，叫醒服務有兩種方式：人工叫醒和自動叫醒。

1.人工叫醒

（1）受理客人叫醒服務。

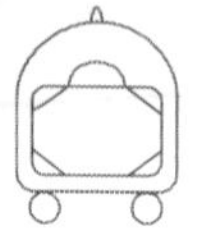

（2）問清客人的房號、叫醒時間，記錄在住客叫醒登記表上，並向客人重複進行核對。

（3）認真仔細填寫叫醒記錄並簽名，以防出現差錯。

（4）在定時鐘上準確定時。

（5）定時鐘響時，立即接通客房分機，並提醒客人：「早上好／下午好，現在是XX點，您的叫醒時間到了。」

（6）如果無人應答，5分鐘後再叫醒一次，如仍無人應答，則通知大廳副理或樓層，派人去敲門，直到叫醒客人為止。

（7）有時客人被電話叫醒後，又會睡著。服務員在叫醒客人時，如覺得客人的回答不太可靠，應過5分後再叫醒一次，以確認客人是否起床。

2.自動叫醒

（1）受理客人叫醒服務，準確記錄客人房號、叫醒時間，並記錄。

（2）及時將叫醒訊息輸入自動叫醒電腦，並檢查訊息輸入是否正確。

（3）客房電話按時響鈴叫醒客人。電腦叫醒時，須仔細觀察設備運轉情況，如果發現設備出現問題，應及時進行人工叫醒。

（4）若響鈴時間已達1分鐘而無人接電話，鈴聲即自動終止；過5分鐘後再次響鈴1分鐘。

（5）檢查自動複印記錄，檢查叫醒工作有無失誤。

（6）如無人應答，可用人工叫醒方法補叫一次或派人前去敲門叫醒客人。

話務員在受理叫醒服務時，要認真、準確地填寫叫醒單，按時提供叫醒服務，避免失誤。失誤一旦發生，要積極採取補救措施。同時叫醒服務要講究技巧，注意服務的方式和語氣，應儘可能使客人感到體貼和溫馨，給客人留下美好的印象。

（五）緊急情況的電話處理

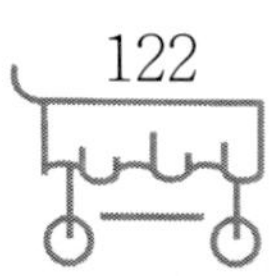

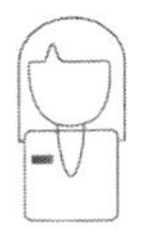

當飯店出現緊急情況，如發生火災、水災、惡性事件時，總機成為飯店管理者採取措施進行指揮、協調的臨時指揮中心。

（1）當班的話務員接到緊急情況報告電話時，要保持清醒的頭腦，弄清緊急事件發生的地點及簡單情況，迅速作好記錄。

（2）立即通知飯店長官及主管經理，並說明有關情況。

（3）嚴格執行現場指揮人員的指令，根據指令迅速與市內有關部門（如消防、安全等）緊急聯繫。

（4）在未接到撤離指示前，繼續從事對客服務工作，安撫、穩定客人，如有人到大廳，轉大廳副理給予答覆。

案例討論

案例1

3點？ 15點？

住在1506房的陳先生睡得正香，突然被一陣電話鈴聲吵醒。他打開燈看了一下手錶，時針指向凌晨3 點。誰在這個時候打來電話呢？剛醒過來的他，頭昏腦脹，真不想接電話，但又擔心家裡有急事找他，只好拿起話筒：「您好，哪一位？」沒有回應，聽到的只是輕音樂。

「喂，說話呀。」陳先生似乎清醒了大半，說話聲音也清晰了許多。然而話筒裡仍然是慢悠悠的音樂。陳先生根據出差住飯店的經驗突然悟出那是「叫醒」音樂。但轉而一想：不對呀！我沒有要求總機在這個時候叫醒我呀。於是他撥通總機欲問個究竟。總機小姐回答道：「我這裡的記錄是您要求3點叫醒的，沒錯。」陳先生問：「我什麼時候要求的？」「是今天中午，不，是昨天中午11點55分要求的。」總機回答。這時陳先生才明白了是怎麼回事。

原來，昨天中午陳先生打算下午3點半到當地一家公司洽談業務，於是向總機要求3點叫醒。陳先生是位辦事小心的人，怕總機把這事忘了，於是將自己的手機作了叫醒設置。現在他才回想起來，下午3點的時候是自己手機叫醒了他，而飯店的總機並沒有叫醒。同時他明白了剛才鈴響的原因：總機把他說的3點（實則下午3點，即15點）當成早上3點輸入了電腦，於是才有凌晨3點的電話鈴聲。陳先生想到這裡，不禁失笑。他本想向總機小姐解釋這其中的原委，但因剛才被電話鈴聲驚醒，頭還是昏昏沉沉，不想多說話。當總機小姐在電話那頭追問有什麼問題時，他只是說：「你當時應當問清楚是下午3點還是凌晨3點，好了，不說了。」不知陳先生接下來是否還睡得踏實。

問題

1.為什麼會發生這樣的事情呢？

2.總機在為客人提供叫醒服務時，還應注意哪些細節？

案例2

一份傳真

李先生拿著那份密密麻麻、才整理好的數據單匆忙來到飯店商務中心，還有一刻鐘總公司就要拿這些數據與斯達特公司談筆生意。「請馬上將這份文件傳去韓國，號碼是……」李先生一到商務中心趕緊將數據單交給服務員要求傳真。服務員一見李先生的著急樣，拿過傳真件便往傳真機上放，透過熟練的程序，很快將數據單傳真過去，而且傳真機打出報告單為「OK」！李先生直舒一口氣，一切順利。

第二天，商務中心剛開始營業，李先生便氣沖沖趕到，開口便嚷：「你們飯店是什麼傳真機，昨天傳出的這份文件一片模糊，一個字也看不清。」服務員接過李先生手中的原件，只見傳真件上寫滿了如螞蟻大小的數據，但能看清。而飯店的傳真機一直是好的，昨天一連發出20多份傳真件都沒問題。

問題

1.為什麼李先生的傳真件會是這樣的結果呢？

2.為客人發傳真時應注意什麼呢？

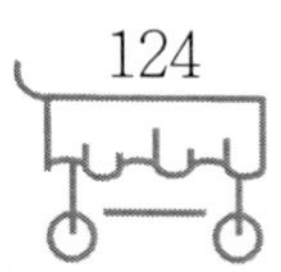

本章小結

商務中心和總機服務是客務對客服務的重要項目，其服務水準直接影響飯店的服務水準和管理水準。本章闡述了商務中心和總機的服務內容，較為詳細地闡述了商務中心和總機的服務程序，特別強調了其中應注意的細節問題。

思考與練習

☐知識思考題

1.商務中心的主要服務項目有哪些？

2.總機的主要服務項目有哪些？

3.簡述為客人接發傳真的服務程序。

4.如何為客人提供叫醒服務？

☐能力訓練題

1.模擬發送傳真的服務。

2.模擬設備出租服務。

☐情景模擬示例

下面以總機接受普通散客的電話叫醒服務作情景模擬示例。

一、業務程序

問候	詢問訊息			重複訊息得到客人的確認	祝福
	房號	姓名	叫醒時間		

二、業務考量標準

1.問候要簡潔、親切、訊息準確；

2.詢問訊息要全面，且口語化強，內容要緊湊，問話要自然親切，力避質詢語氣；

3.重複內容要簡潔、全面、準確，重複前要作提示；

4.致謝祝福要主動、簡短、親切，等對方說「再見」再掛電話；

5.在電話中要讓賓客感受到微笑。

三、對話參考

預訂員：您好！皇冠飯店總機，有什麼要我做的嗎？

客人：是的，我想要一個叫醒。

預訂員：好的，先生，請問您需要什麼時間叫醒呢？

客人：明天早晨7點整。

預訂員：好的，那您房間號是多少？

客人：1918房。

預訂員：好的，您是1918房的張勇先生是嗎？

客人：是的。

預訂員：好的，1918房張勇先生，您要了一個明天早晨7點整的叫醒對嗎？

客人：對的。

預訂員：好的，放心吧張先生，明天我們會準時叫醒您的。晚安！

客人：好，謝謝！

預訂員：不謝！

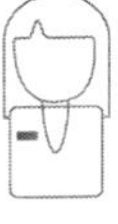

第 6 章 前台收銀管理

本章導讀

前台收銀處也稱為前台收款處、前台結帳處，負責處理客人帳務，是確保實現飯店經濟收益的重要部門，其隸屬關係因飯店管理特點而不同，一般業務劃歸財務部管轄，對客服務則由客務部管理。前台收銀處的主要工作任務包括：客帳管理、客人結帳、外幣兌換業務等。前台收銀要加強與相關部門和職位的合作，認真執行客帳管理制度和規程，為客人提供高效、快捷、準確的結帳服務，確保飯店利益和客人利益不受損害。

重點提示

透過學習本章，你能夠達到以下目標：

掌握房價及服務費計價標準

熟悉房價種類

掌握客帳管理程序

掌握客人結帳服務程序及要求

瞭解外幣兌換的程序及標準

導入案例

已辦理了刷卡抵押卻不能簽單

一天，一位住在飯店的新加坡客人來到前台出示房卡，詢問為何在他用完午

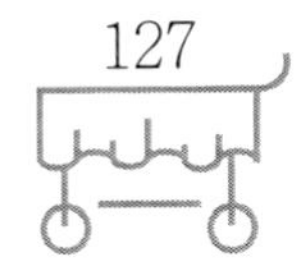

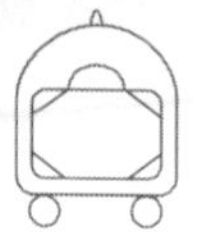

餐之後收銀員不接受簽單。櫃台收銀員馬上查詢電腦記錄。客人的房費由接待單位承付，其他費用自理。當時為方便起見這位客人要求簽單，在離開飯店前一次性結帳，並在櫃台辦理了信用卡「刷卡」抵押。收銀員又馬上查找入住記錄，見客人的確曾做過刷卡抵押，但接待員在電腦中未輸入相應標記，簽單項目仍呈關閉狀態。所以，餐廳收銀員不同意簽單。於是，櫃台馬上補充了有關程序內容，並向這位客人表示真誠的道歉。

分析

現在飯店一般都在預訂、接待、結帳、統計等方面實行了電腦程序化和系統化管理，但是再先進的設備也是需要由人來操作的，服務員的工作責任心是任何電腦程序也代替不了的。

（1）本案例中前台接待員為客人辦理完信用卡抵押後，忘記進行相應的電腦調整，造成客人用餐後不能簽單，這說明，在接待的過程中任何一個小的細節都與服務品質密切相關，絲毫馬虎不得。

（2）工作程序不是可執行可不執行，而是必須執行，如果不執行就必然出現服務紕漏，因此主管、領班要加強對員工的服務程序的培訓和督導檢查。

（3）餐廳收銀員在電腦中未查到客人簽單權，而客人稱已辦理了刷卡抵押後，不應簡單回絕客人的簽單權，而應主動與前台溝通確認。

第一節 房價構成與房價種類

一、房價計價標準

客房價格是由客房成本和客房利潤兩部分構成的。成本包括：建築投資、客房設備、物資用品及各種原料成本，也包括管理人員和服務人員薪資，同時還包括保險費、貸款利息、修繕費用、土地使用費、經營管理費、營業稅等項目；客房利潤包括稅金和淨利潤。

客房價格一般以供給價格即客房成本為下限，以需求價格為上限，實際市場

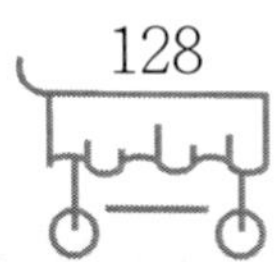

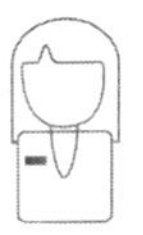

成交價格受市場競爭的影響在上下限間波動。但在特殊時期市場成交價格可能會低於客房產品成本價格。

二、服務費計價標準

按照國家旅遊局及物價局規定，旅遊飯店可以對客房、餐飲、洗衣、電話等服務項目加收「服務費」，但應在房價表及有關服務價目單上註明。房價表應置於總服務台顯著位置，公開標價。根據國家旅遊局和物價局確定的「服務費」標準，四、五星級飯店按實際價格的15%加收「服務費」，三星級飯店按實際價格的10%加收「服務費」，一、二星級飯店按實際價格的7%加收「服務費」。

三、房價種類

（一）按價格性質劃分

1.標準房價

標準價（Rack Rate）又稱牌價，通常就是飯店制定的、價目表上公開公布的各種客房的現行價格，不含任何折扣、優惠等因素。

2.商務合約價

商務合約價（Commercial Rate）是指飯店與客源單位簽訂商務協議或合約，並按合約為對方客人提供的客房優惠價格。房價優惠的幅度與客源單位能夠提供的客流量、消費水準、信用程度等有關。

3.免費

飯店在互利互惠的原則下，因某種原因為某些特殊客人提供免費房（Free of Charge），以求雙方建立良好的合作關係。飯店免費房要嚴格控制，通常只有總經理才有權批准。

（二）按客源類型劃分

1.散客價

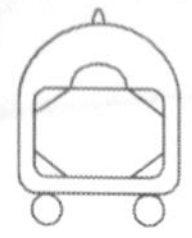

散客價（Walk-in Guest Rate）也稱門市價，是飯店針對散客制定的各種類型客房的現行價格。

2.團隊價

團隊價（Group Rate）主要是飯店針對旅行社、會議團隊等團隊客人制定的一種折扣價格。團隊價可以根據團隊的重要性、團隊客源多少、季節等不同情況確定，目的是確保飯店長期、穩定的客源，提高客房出租率。

3.折扣價

折扣價（Discount Rate）是飯店為吸引回頭客，向常客、長住客人以及其他特殊身分客人提供的一種優惠價格。

4.家庭價

家庭價（Family Rate）是飯店專門針對攜帶小孩的家庭所提供的一種折扣價格，目的是刺激客人住宿飯店期間的綜合消費。

5.包套價

包套價（Package Rate）是飯店為客人尤其是團隊客人提供的一條龍服務報價，通常包括房租、餐費、交通費、遊覽費等，以方便客人預算。

（三）按銷售季節特點劃分

1.淡季價

淡季價（Slack Season Rate）是飯店在經營淡季，為刺激消費，吸引客人，提高客房出租率而制定的低於門市價一定幅度的房價。

2.旺季價

旺季價（Busy Season Rate）是飯店在經營旺季為最大限度地獲得最大收益而採取的房價，一般在門市價基礎上上浮一定幅度。

（四）按時間段劃分

1.日租金

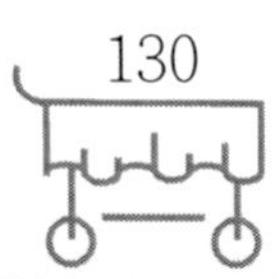

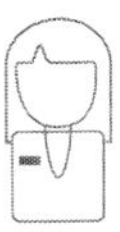

日租金（Day Rent Rate）即一天的房租，是指當日入住（通常指6：00以後）至次日12：00前退房所收取的房租。

2.白天租用價

白天租用價（Day Use Rate）指客人退房超過了規定時間後，飯店向客人收取的白天租用客房的費用。一般情況下，超過12：00，加收半天房租；超過18：00則加收一天房租。

3.深夜房價

深夜房價（Midnight Rate）指客人在凌晨抵達飯店入住時，飯店向客人收取半天或一天的房價。

4.鐘點房價

鐘點房價（Hour Price Rate）是飯店推出在一天的某一時段內按小時計算客房租金的一種促銷價格。

5.加床價

加床價（Extra Bed Rate）是飯店對要求額外增加客房床位的客人加收的一種房費。

四、飯店計價方式

按照國際慣例，根據房費所含餐費情況，飯店的計價方式通常可以分為以下幾種類型。

（一）歐式計價

歐式計價（European Plan，簡稱EP）只含房租，不包含任何餐費，為世界上大多數飯店所採用，也是中國旅遊飯店常見的計價方式。

（二）美式計價

美式計價（American Plan，簡稱AP）也稱全費計價方式，其特點是，客房

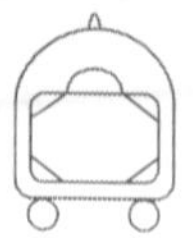

價格不僅包括房費，還包括一日三餐的費用，多為團體（會議）客人或離城市較遠的渡假型飯店使用。

（三）修正美式計價

修正美式計價（Modified American Plan，簡稱MAP）包括房費和早餐費用，同時還包括一頓午餐或晚餐（二者任選其一），這種計價方式比較適合普通旅遊客人。

（四）歐陸式計價

歐陸式計價（Continental Plan，簡稱CP）指，客房價格中包括房費和歐陸式早餐。歐陸式早餐比較簡單，一般提供冷凍果汁、烤麵包（配黃油、果醬）、咖啡或茶。在有些城市也被稱為「床位連早餐」計價方式。

（五）百慕達式計價

百慕達式計價（Bermuda Plan，簡稱BP）指，客房價格中包括房費和美式早餐（American Breakfast）。美式早餐除包括歐陸式早餐的內容以外，通常還提供煎（煮）雞蛋、火腿、香腸、鹹肉等食品。

第二節 客帳管理

客帳管理的時間性和業務性都很強，是一項細緻而又複雜的工作，要求做到帳戶清楚、轉帳迅速、記帳準確、結帳快捷等。在結帳時，要彬彬有禮，耐心細緻提供服務，最終順利圓滿地完成客帳收取工作。這是飯店真正實現其盈利的關鍵環節之一。如果客帳出現差錯或出現服務質量問題，都有可能引起賓客的不滿或投訴，甚至拒付。因此客帳管理工作的好壞，直接影響飯店的經濟效益是否能夠實現。

一、核收憑證及建帳

前台收銀處接到接待處傳遞的登記表、客人押金單或預訂處、銷售部傳遞的

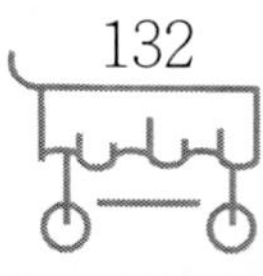

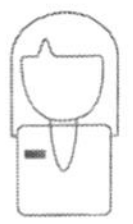

團隊接待單等憑證後，認真進行核對，如果訊息無誤則為客人建立帳戶。有些飯店散客建帳的工作由接待處完成，接待處負責客人登記、押金的收取，然後根據客人登記訊息及押金金額，為客人建立帳戶。建立帳戶時，應清楚、準確，特別注意團隊名稱、客人姓名、房號、預付金額與收到的憑證上的訊息一致。將客人的有關原始憑證放入標有相應房號的分戶帳夾內，存入住宿飯店客人帳單架中。團隊客人的建帳原始憑證可放在團隊領隊或簽單人的分戶帳夾內或存放在住宿飯店團隊帳單架中。

二、記帳

為客人建立分帳戶的目的在於方便客人在飯店中的消費，現代飯店一般採用離開飯店時一次性結帳的服務方式。客人在飯店可記帳的營業點如餐廳、會議室、商務中心等消費後，要請客人在帳單上簽字，並由營業點的收銀員將客人的消費分門別類地記入客人的分帳單中。由於客人隨時可能離開飯店，因此收銀員應在客人簽單消費後立即記帳或按要求將帳單傳遞到前台收銀處，以防止出現跑帳、漏帳等情況。前台收銀認真核收店內各營業點傳遞來的帳單（憑證），逐項核對客人姓名、房號、收費項目、單位名稱、金額、日期、客人簽名及經手人簽名等，並將核對後的帳單（憑證）放入客人的分戶帳單中以備結帳時使用。

三、客帳結算

客帳結算是客人離開飯店前接受的最後一項服務，會給客人留下深刻的印象，因此要求收銀員熱情、高效、快速地為客人辦理結帳手續。結帳一般要求在3分鐘內完成。

（一）散客結帳服務

（1）禮貌地問候客人，問清客人是否結帳退房。

（2）詢問賓客房號，查看電腦帳單訊息。

（3）收回房卡、客房鑰匙和押金單。

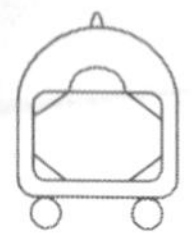

（4）及時通知樓層賓客退房的房號，請樓層服務員迅速查房，特別注意檢查小酒吧酒水耗用情況、客房設施設備使用情況，以及房間內有無遺留或缺少的物品。

（5）委婉地問明賓客是否有其他即時消費（剛發生的消費費用，如電話費、房內小酒吧費、早餐費等）及時入帳，以免漏帳。

（6）根據樓層所報消費情況記帳並影印出帳單，在電腦中作退房處理，更改房間狀態。

（7）將原始帳單憑證及總帳單交客人過目，請客人審核，並在帳單上簽字確認。

（8）根據客人不同付款方式，為客人結帳。

（9）向客人致謝和道別，並祝其旅途愉快，歡迎其再次光臨。

（10）將客人原始帳單、結帳帳單、登記表等訂在一起存檔，方便夜間審核。

（二）團隊賓客結帳程序

（1）將結帳團隊的名稱（團號）、房間號告知樓層，通知其查房。

（2）查看團隊預訂單上的付款方式以及有無特殊要求，做到團隊帳戶與客人分帳戶分開。

（3）影印團隊帳單，附上原始帳單憑證，請團隊結帳人（簽單人）審核並在總帳單上簽字。

（4）根據不同付款方式為團隊結帳。

（5）為有自付費用的賓客影印帳單並結帳。

（6）收回房間鑰匙，與賓客道別。

（7）將團隊帳務資料存檔，以備審核。

（三）常見的結算方式

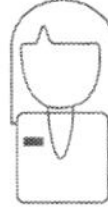

1.現金

收現金時，應注意辨別真假、幣面是否完整無損。

2.信用卡

請客人出示信用卡，用POS機刷卡，輸入消費金額後，請客人輸入密碼並在信用卡消費單上簽字。將信用卡和消費單的持卡人聯交還給客人。

3.支票

收取支票時，注意檢查支票的真偽，檢查是否有開戶行帳號和名稱，印鑑是否完整清晰並請客人在支票的背面簽上姓名、地址及聯繫電話，按財務要求填寫支票。

4.掛帳

飯店出於促銷和方便客人的需要，常常與業務往來密切的企事業單位、團體簽訂掛帳協議，並建立單位帳。客人要求掛帳時，帳單需要由掛帳協議的簽單人簽字或得到其書面認可通知後由客人簽字認可，然後將客人帳款轉到單位帳，與原始憑證訂在一起存檔。

四、貴重物品保管

飯店為保障住宿飯店客人的財產安全，一般在櫃台設有客用保險箱，免費為住宿飯店客人提供貴重物品保管服務。每個小保險箱都有兩把鑰匙，一把為總鑰匙，由收銀員保管，一把為分鑰匙由客人保管。兩把鑰匙同時使用時，才能開啟保險箱。

1.保險箱啟用

（1）客人前來保管貴重物品時，要主動問候，請客人出示房卡或鑰匙牌，確認是否為住宿飯店客人。

（2）填寫「貴重物品寄存單」（見表6-1），向客人介紹使用須知和注意事項，將箱號記錄在寄存單上，請客人簽名確認。

表6-1 貴重物品寄存單

No.

賓客姓名		房號	
保險箱號		啟用日期	
賓客簽名		接待員簽名	
每次開啟時，請填寫下表			
開啟時間	賓客簽名	開啟時間	賓客簽名

保險箱使用說明:

1.請妥善保管寄存單客人聯及保險箱鑰匙。

2.請您退房時，退回保險箱，並將寄存單客人聯交回。

3.請妥善保管保險箱鑰匙，如鑰匙遺失，必須更換新鎖，賠償金額為　　　元。

退箱時間		賓客簽名		接待員簽名	

貴重物品寄存單(客人聯)

No.

賓客姓名		房號	
保險箱號		啟用日期	
賓客簽名		接待員簽名	

（3）打開保險箱，取出存放盒，請客人親自將物品及寄存單第一聯放入存放盒，蓋上盒蓋。

（4）客人將物品放好後，收銀員當面鎖上箱門，取下鑰匙，將分鑰匙和寄存單第二聯交給客人，提醒客人妥善保管，向客人道別。

（5）填寫保險箱使用登記本上各項內容。

2.中途開箱

（1）客人要求開啟保險箱取物時，請客人出示房卡、寄存單和保險箱鑰匙，同時使用總鑰匙和該箱分鑰匙開啟。

（2）客人使用完畢，請客人在寄存單相關欄內簽名，記錄開啟日期及時間。

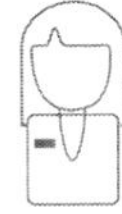

（3）收銀員核對、確認並簽名。

3.客人退箱

（1）客人將物品全部取出後，請客人交回鑰匙，並請客人在終止欄中記錄退箱日期、時間並簽名。

（2）收銀員在客用保險箱使用登記本上作終止記錄並簽名。

（3）將貴重物品保險箱寄存單妥善收存備查。

4.客人鑰匙遺失處理

（1）確認客人遺失鑰匙後，要求客人按照飯店的有關規定（寄存單上印有賠償金額）進行賠償。

（2）客人要求取物時，收銀員、保安、大廳副理和客人均應在場，在辦理完規定手續後，由工程部人員強行打開保險箱。

（3）收銀員取出寄存單，請客人確認簽名。

（4）收銀員在櫃台客用保險箱使用登記本上詳細記錄並簽名。

第三節 外幣兌換業務

飯店為方便中外賓客，經中國銀行授權，根據國家外匯管理局公布的外匯牌價，代理外幣兌換以及旅行支票和信用卡業務。按國家規定，目前在中國可兌換的外幣主要包括：英鎊、港幣、美元、瑞士法郎、新加坡元、瑞典克朗、丹麥克朗、挪威克朗、日圓、加拿大元、澳洲元、歐元、澳門幣、菲律賓比索、泰銖、紐西蘭元、韓圓等。

一、外幣兌換服務程序

（1）瞭解客人需求，問清客人兌換外幣幣種，核准該幣種是否屬現行可兌換之列，並請客人出示護照等有效證件和房卡。

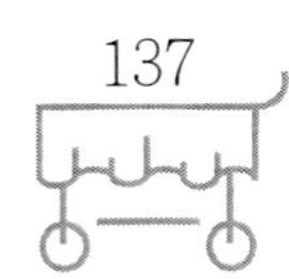

（2）清點並唱收客人需兌換的外幣種類、金額。

（3）檢驗鑑別鈔票的真偽。

（4）填寫兌換水單（見表6-2），根據當日外匯牌價精確換算，並將外幣名稱、金額、匯率、應兌金額及客人姓名、房號等準確填寫在相應欄目。

（5）請客人確認並在水單上簽名。

（6）檢查覆核，以確保兌換金額準確。

（7）核准無誤後將現金和水單交給客人清點，禮貌地與客人道別。

表6-2 外幣兌換水單

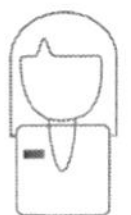

XX飯店 XXHOTEL 外幣兌換水單 Foreign Exchange Voucher 日期 Date：______			
客人姓名 Guest Name		房號 Room No.	
外幣種類 Currency Type		匯率 Exchange Rate	
金額 Amount		人民幣 RMB	
手續費 COMM		合計 Total	
客人簽名 Guest Signature		收銀員簽名 Cashier Signature	

二、外國旅行支票

旅行支票也稱匯款憑證，是一種定額支票，屬有價證券，通常由銀行、旅行社為方便中國國內外旅遊者而發行。持有者在國外可按規定手續，向發行銀行或旅行社中國國內外分支機構及規定的兌換點兌取現金或支付費用。收兌旅行支票服務程序如下：

（1）主動熱情問候客人，問清客人的兌換要求，並請客人出示有效證件和房卡。

（2）核查其支票是否屬可兌換或使用之列，有無時間、區域限制。

（3）按當日外匯牌價，填寫水單，準確換算，扣除貼息。

（4）請客人當面複簽，查看複簽筆跡是否與初簽一致。

（5）與客人核對、清點數額。

（6）請客人在水單上簽名確認並覆核。

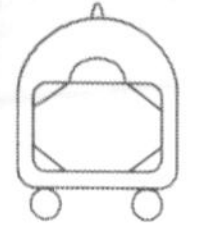

（7）核對無誤後，將兌換款額支付給客人，禮貌地向客人告別。

案例討論

案例1

為朋友付帳的尷尬

1917房間的客人徐先生的房餐費在預訂時已經確認由1915房間的客人戴先生支付，並且1917房間的客人徐先生比1915房間的客人戴先生提前三天離開飯店。服務員在徐先生離開飯店檢查時發現房間地毯被燒壞了，便按飯店規定請客人進行賠償，客人稱由為他付費的戴先生一起付。但是，當時1915房間的客人戴先生已外出，打手機也暫時無法接通，不能與之確認。怕耽誤客人太多時間，前台服務員便將賠償費轉入戴先生的房帳中。徐先生在結清自己的其他雜費後離開飯店。三天後，1915房間的客人戴先生結帳時為此事大為惱火，聲稱他不知道這個情況，不願賠償。經大廳經理與客人協商後，做了部分減免，問題才最終得到解決。

問題

1.你認為客人的帳單由其他住客支付時，應注意哪些問題？

2.面對上述案例，如果你是收銀員你會如何處理？

案例2

您能幫我核對一下嗎？

某日，一位長住客人到飯店前台收銀處支付前一段時間在店內用餐的費用。他一看到影印好的帳單上面的總金額，馬上火冒三丈地講：「你們真是亂收費，我不可能有這樣高的消費！」

收銀員面帶微笑地回答客人說：「對不起，您能讓我再核對一下原始單據嗎？」客人當然不表示異議。收銀員一面開始檢查帳單，一面對客人說：「真是對不起，您能幫我一起核對嗎？」客人點頭認可，和收銀員一起對帳單進行核對。其間，那位收銀員順勢對幾筆大的帳目金額（如招待宴請訪客以及飲用名酒

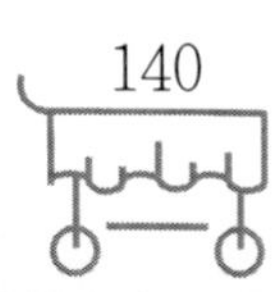

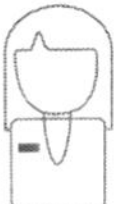

等）作了口頭提示以喚起客人的回憶。

帳目全部核對完畢，收銀員有禮貌地說：「謝謝您幫助我核對了帳單，耽誤了您的時間，費心了！」客人聽罷連聲說：「小姐，麻煩你了，真不好意思！」客人迅速地結帳後離開了櫃台。

問題

1.當客人對帳單不認同時，我們應該如何處理？

2.透過這個案例，你得到什麼啟發？

案例3

支票填寫不合規範引發的訴訟

某對外貿易公司在飯店消費支付一張6萬元支票，前台收銀員收到後轉財務交銀行結算。銀行因填寫支票用字不合規範，將支票退回飯店。飯店先後找該貿易公司十幾次要求協助更換，對方均以各種理由拒絕，飯店最後無奈之下只好透過法律手段尋求解決。

問題

客人採用支票結帳時，收銀員應注意哪些問題？

本章小結

客務收銀處負責客人客帳管理、外幣兌換等工作，是客務管理工作的重要環節。本章重點介紹了客務收銀處的主要工作內容，透過本章的學習，讓學生掌握客帳管理的程序、標準，掌握收銀業務的程序及服務要求，瞭解外幣兌換的方法，為客人提供滿意的服務。

思考與練習

□知識思考題

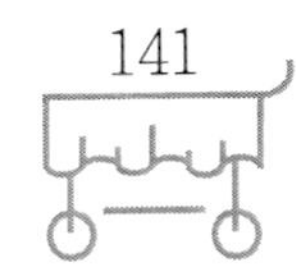

1.客房房價的種類有哪些？

2.簡述客帳管理程序。

3.簡述散客結帳程序。

4.貴重物品保管的程序是什麼？

5.簡述外幣兌換程序。

□能力訓練題

1.散客信用卡或支票結帳服務程序情景模擬。

2.貴重物品保管程序情景模擬。

3.外幣兌換服務程序情景模擬。

□情景模擬示例

下面以普通散客現金結帳的服務程序作情景模擬示例。

一、業務程序

問候	收回		通知房務中心查房	核對					請客人過目並簽名	唱收結帳	致謝祝福
	房卡	房鑰匙		姓名	房號	住宿天數	房價	其他費用			

二、業務考量標準

1.問候要簡潔、親切，訊息準確；

2.收回房卡或鑰匙要自然親切，力避質詢語氣；

3.通知房務中心的電話要客觀、平靜；

4.核對姓名、房號、住宿天數、房價、其他費用時要關照到客人；

5.請客人過目前力求帳單準確無誤；

6.唱收時語言要清晰、準確、簡潔；

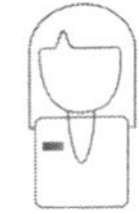

7.致謝祝福要主動、簡短、親切；

8.等客人離櫃後再作資料的整理；

9.要配合得體的肢體語言，如目光、表情、手勢等。

三、對話參考

收銀員：您好！要退房嗎？

客人：是的。

收銀員：先生，請給我您的房卡和鑰匙。

客人：好！給。

收銀員：謝謝！請稍等。（致電客房要求查房）先生，您有沒有用房內冰箱內的酒水？

客人：沒有。

收銀員：好的。請稍等。（核對有關內容，影印製作帳單）這是您的帳單，請過目。

客人：謝謝。（開始檢查帳單）不對呀，我沒有在房內打過長途電話，怎麼有長途電話費呢？

收銀員：對不起，先生，讓我查一下。（核對電話記錄）

（幾秒鐘後）哦，先生，這個電話確實是從您房間打出來的，這是詳細通話記錄，您核對一下。

客人：（核對記錄）啊，我想起來了。我的朋友在房間打過電話，這是他家的電話。

收銀員：（面帶微笑）請您再仔細核對一下，看有沒有其他問題。

客人：（核對後）沒有了。

收銀員：好的，先生。請在帳單上簽名，謝謝！您是用現金結帳嗎？

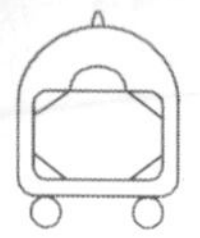

客人：是的。

收銀員：您入住時交了3000元押金，實際消費3368元，您要再支付368元。

客人：給，這是400元。

收銀員：我一共收您人民幣400元……這是找您的32元，請收好。

客人：好的。

收銀員：這是您的帳單和發票，請您收好。

客人：謝謝！

收銀員：不用謝！祝您一路平安！

客人：謝謝！再見！

收銀員：再見！（目送賓客）

第 7 章 客務銷售管理

本章導讀

客務部的首要工作任務就是銷售客房商品，為了最大限度地提高客房出租率，實現收益最大化，客務部應制定正確的銷售策略，客務部的服務人員應熟悉和掌握客房銷售技巧，適時、成功地銷售客房及飯店其他產品。

重點提示

透過學習本章，你能夠達到以下目標：

掌握客務部的銷售策略

瞭解影響房價制定的因素

熟悉客房定價的方法

導入案例

飯店推出主題客房——「性別房」

衣服分性別，保養品分性別，手錶分性別……而我們在某飯店看到，這裡的客房也分性別——男性房裡擺著雪茄、美酒，女性房裡則增添了香水、化妝包等，深受顧客歡迎。

在一間女性房，裡面的陳設完全顛覆了「白牆灰地」、「千房一面」的雙人房概念，方床變成了橢圓床，白窗簾改成碎花窗簾，枕頭、抱枕等都可以在前台自由選擇，有不同的花色、質地，品種繁多。

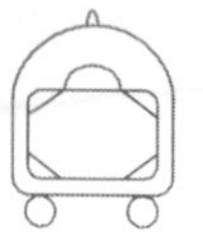

除此之外，客房的廁所還特別增加了美容設施、化妝包，以及特別訂製的智慧型免治馬桶等，體現出飯店對女客人的體貼與呵護。飯店經營者還為女性房起了一個美麗的名字：「蝴蝶夢房」。

在男性房，我們看到的則是另外一番場景。在一套取名為「雪茄」的男性房裡，牆面上懸掛著雪茄的照片，辦公桌上也擺放著各式雪茄。類似的房間還有被取名為「藍山」、「龍井」、「白乾」及「車神」等的。飯店客房部負責人說：「在這裡，到處都是『男人味』！」

據介紹，無論男性房還是女性房，飯店都為顧客提供了絲質睡衣、燙衣板等一般飯店不提供的物品。如果顧客是第十次入住，飯店還會為其準備一件專用睡衣，並在上面繡上他的名字，供該顧客下次住宿時使用。

分析

在市場競爭日益激烈的今天，走特色經營之路，是飯店擴大生存和發展空間，在競爭中立於不敗之地的重要途徑之一。該飯店「主題客房」的經營模式值得借鑑。

第一節 客務部的銷售策略

客務銷售策略一般分為非價格競爭策略和價格競爭策略兩大類。在非價格競爭策略中較為常見的為飯店形象策略、客人滿意度策略、超值策略和特色策略；在價格競爭策略中，以收益最大化策略最為普遍。

一、非價格競爭策略

所謂非價格競爭，是指飯店企業運用價格以外的營銷手段，提高飯店競爭力和產品在目標市場上的占有率的一種銷售方式，是更廣泛層次上的競爭。

（一）飯店形象策略

飯店形象是飯店最為寶貴的無形資產，良好的、具有鮮明個性的飯店形象可

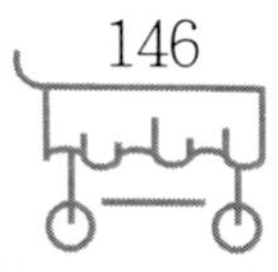

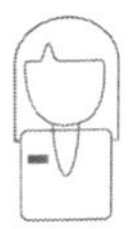

以提升飯店的價值，使其在競爭中生存、發展。飯店形象所體現的質量主要透過飯店外部特徵傳達給賓客，具體表現在店容、店貌、店徽、價格、服務人員的儀表、建築物外觀以及明顯能使顧客產生第一印象的其他方面。

（二） CS策略

CS（Customer Satisfaction，顧客滿意）策略是指透過提升客人對飯店的滿意度贏得客人、占領市場的一種銷售策略。飯店必須創造顧客、保持顧客，最大限度地在使顧客滿意的基礎上追求利潤。CS是顧客對飯店的忠誠與信任，是飯店實現利潤的基礎。

（三）特色策略

面對競爭激烈的市場，飯店要吸引顧客就要充分顯示飯店的個性，製造差異性。特色策略即人無我有、人有我優、人優我變、人少我全、人舊我新、人新我特的策略，可以體現在產品、服務、環境、設備、技術等多方面。

（四）超值策略

超值策略是指飯店提供的產品超出客人的期望，給客人帶來意外驚喜，從而提高客人對飯店的滿意度、信任度和忠誠度。

二、價格競爭策略

飯店價格策略的制定是飯店銷售策略的一個重要組成部分。它必須是在充分考慮旅遊業的時間原則、市場環境、客源結構、銷售途徑和企業成本等因素之後，在市場決定價格的前提下制定出的價格策略。

在價格競爭策略中，客務使用最普遍的是收益最大化策略，即透過對客房出租率及客房房價的管理來實現飯店收益最大化。

在實施收益最大化策略時，客務常採用的銷售方法是：根據市場情況確定房價，增加或減少折扣房數量，向客人提供價目和類型最適當的客房等。收益最大化策略的焦點是準確找到房價和出租率的最佳結合點，從而實現客房收入最大化

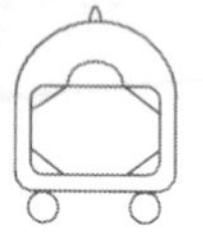

的目標，具體策略一般包括：超額預訂策略、時滯控制策略、折扣配置策略、升級銷售策略。

（一）超額預訂策略

超額預訂策略是指飯店為了彌補訂房不到、臨時取消預訂或提前離開飯店的客人給飯店帶來的損失，在客人預訂已滿的情況下，適當增加訂房數量。超額預訂發生在飯店經營的黃金時期，如果超額預訂受理過少，就會使飯店蒙受損失；如果超額預訂受理過多，會讓訂房的客人抵達飯店時沒有房住，從而引起客人和飯店的糾紛。因此，客務管理人員應合理控制超額預訂的幅度。（控制方法見第二章。）

（二）時滯控制策略

對於飯店而言，客人在飯店逗留的時間越長，為飯店帶來的效益就越高，因此客務受理客房預訂時，往往要考慮客人將要逗留的時間，有時甚至有可能婉言拒絕只住一晚的客人的訂房要求。例如，某家飯店星期三、星期四和星期五的客房需求量都很大，就可能不受理只單獨預訂這三日內的一晚的訂房要求，因為這會導致那些本來計劃住宿飯店三天的客人另謀他處。

（三）折扣配置策略

客務管理人員應根據飯店的銷售情況及客人住宿飯店時間長短、房間多少等確定房價，找到房價與出租率的平衡點，實現飯店效益的最大化。該策略的關鍵在於需求預測的準確性。如果預測未來一段時期內市場需求高，飯店的折扣就小，甚至沒有折扣；如市場需求低，則折扣就大一些。有些飯店客務部在實際銷售過程中常常將時滯控制策略與折扣配置策略有機結合起來，這樣效果更好。例如，給常住客人、協議單位的客人較大的折扣優惠，未預訂散客的優惠折扣小一些；團隊折扣大一些，散客折扣小一些。遇到重要活動、大型節慶活動時，客務管理人員一般嚴格限制折扣配置，甚至取消一切折扣，以實現客房收益最大化。

（四）升級銷售策略

升級銷售（Up-selling）是一種常用的實現收益最大化的銷售策略，指在可

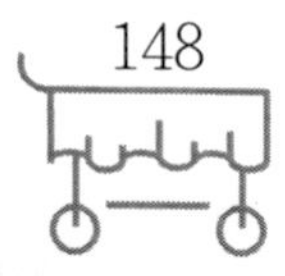

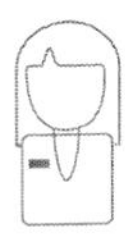

能的情況下，為客人推銷更高等級的客房和服務，並讓客人願意接受，從而提高飯店的經濟效益。常見技巧之一，對飯店價位較低的客房實行超額預訂，一旦客房數量不夠時，客務人員可建議並勸説客人改住價位較高的客房；技巧之二是客務人員應儘量向價格敏感度低的公務商務客人、公司客人推銷價位高的客房；銷售技巧之三是客務人員在實際銷售前充分把握所銷售客房的特點（如朝向、裝潢品位、外景觀及特色等），主動告知客人。

第二節 客務部銷售價格的制定

客房價格是客人購買客房產品時優先考慮的問題，也是客務銷售過程中最敏感的問題之一，其制定和變動會對飯店效益產生很多影響。客務部應對客房價格進行有效的控制，以維護飯店和客人雙方的利益。

一、價格制定的影響因素

（一）定價目標

飯店的定價目標是由飯店的經營目標決定的，是影響客房定價的首要因素，由於飯店經營目標不同，因此飯店的定價目標也多種多樣。通常，客房定價的目標有追求利潤最大化、提高市場占有率、應付和防止競爭以及實現預期的投資收益等。

（二）成本

成本是定價的主要依據，成本往往是價格的下限，價格應確定在成本之上，否則將導致飯店虧損，長期下去難以生存。

（三）客房的特色及聲譽

飯店設計越有特色，越新穎，對客人的吸引力就越大，其定價的自由度也就越高；同樣，飯店客房產品的聲譽越高，其定價就越主動。

（四）市場供求關係

市場供求關係總是處於不斷變化的狀態之中。當客房產品的供給大於客人需求時，將不得不考慮降低價格；反之，則可以考慮提高價格。如中國進出口商品交易會（廣交會）期間，廣州的飯店客房供不應求，很多飯店因此取消了房價折扣。客房價格應不斷隨供求關係的變化加以調整，以適應市場需求。

（五）競爭對手價格

競爭對手的價格是飯店制定房價的一項重要的決策依據，因此，在制定房價時，應首先瞭解本地區同等級飯店的房價，並依此制定具有一定的競爭力的價格標準。

（六）客人的消費心理作用

飯店在定價之前，應對目標市場進行調研，瞭解掌握客人所能接受的客房價格的上限和下限，俗稱「價格門檻」。房價過高，客人消費不起；房價過低，客人又可能懷疑質量有問題，怕上當。

（七）國家政策法令

客房定價還要受政府主管部門及行業協會等組織或機構對飯店價格政策的制約。

二、客房定價方法

飯店客房採用何種方法定價，往往取決於飯店的定價目標，定價目標不同，採用的定價方法就會有區別。常見的定價方法有以下幾種。

（一）千分之一法

這是一種傳統的定價方法，它是以飯店總投資為基數，按總體造價的千分之一來確定飯店的平均房價。由於千分之一法沒有考慮市場及飯店經營環境等的變化，因此往往只作為飯店客房定價的出發點，而不能成為最終決策的工具。

（二）收支平衡定價法

收支平衡定價法，也叫損益平衡定價法，或者保本點定價法，側重於保本經

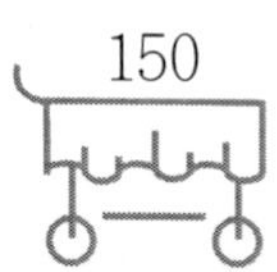

營。它以收支平衡點（也稱盈虧臨界點、保本點或損益平衡點）的總成本為依據，確立客房產品的價格。科學地預測客房銷量和已知固定成本、變動成本是盈虧平衡定價的前提。

（三）目標收益定價法

目標收益定價法是飯店根據一定時期內預期獲得的利潤來確定飯店客房價格的一種方法。價格由飯店目標利潤決定，可確保飯店實現目標利潤，缺點在於沒有考慮價格與市場需求之間的關係，使用該方法制定的價格可能無法保證銷售量的實現，從而無法完成預期收益。

（四）赫伯特定價法

赫伯特定價法又稱赫伯特公式，是由美國飯店和汽車協會主席羅伊・赫伯特以收益定價為定價出發點提出的客房定價法。它在已確定計劃期各項成本費用以及飯店利潤指標的前提下，透過預測飯店經營的各項收入和費用以及客房部應承擔的營業收入指標，確定客房平均房價。

（五）需求差異定價法

需求差異定價法是飯店根據不同細分市場客人對飯店客房價值及需要的不同而制定出多種房價以滿足客人需求的定價方法。飯店在採用需求差異定價法時，應設計出不同等級的客房，為客人提供較寬的價格幅度，讓他們有選擇合適價格的餘地。另外，飯店還應充分考慮客人的心理差異、產品差異、地區差別等。

案例討論

案例1

巧妙推銷豪華套房

某天，大連某飯店客務部的客房預訂員小張接到一位荷蘭客人從青島打來的長途電話，想預訂兩間每天收費在180 美元左右的標準雙人客房，三天以後開始住宿飯店。

小張馬上翻閱了一下訂房記錄表，回答客人說由於三天以後飯店要接待一個

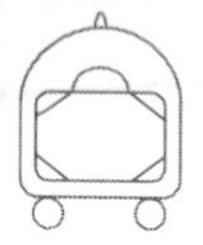

大型國際會議的多名代表，雙人房客房已經全部訂滿了。小張講到這裡並未就此把電話掛斷，而是繼續用關心的口吻說：「您是否可以推遲兩天來，要不然您直接打電話與大連XX飯店聯繫詢問如何？」

荷蘭客人說：「我們對大連人地生疏，你們飯店比較有名氣，還是希望你給想想辦法。」

小張暗自思量以後，感到應該儘量不使客人失望，於是接著用商量的口氣說：「感謝您對我們飯店的信任，我很樂意為您效勞。我建議您和朋友準時前來大連，先住兩天我們飯店的豪華套房，每套每天也不過收費280美元，在套房內可以眺望大海的優美景色，室內有紅木家具和工藝擺飾，提供的服務也是上乘的，相信你們住了以後會感到高興和滿意的。」

小張講到這裡稍稍停頓了一下，以便等客人回話。對方沉默了一會兒，似乎猶豫不決。於是小張開口說：「我想您不會單純計較房價的高低，而是在考慮這種套房是否物有所值，請問您什麼時候搭哪班飛機來大連？我們可以派車接你們，到達飯店以後我們陪您和您的朋友一行去參觀一下套房，您再決定也不遲。」

荷蘭客人聽小張這麼講，倒有些感到盛情難卻，最後終於答應先預訂兩天豪華套房。

問題

1.小張採用什麼策略推銷的豪華套房？

2.給我們帶來什麼啟示？

案例2

五星級飯店激增，價格戰一觸即發

2005年以來，廣州已建和在建五星級標準飯店突然激增到30多家，短短3年時間增加了7倍。業界擔憂，市場容量恐難支持如此多的高標準飯店，價格戰在所難免。

由於五星級飯店的客源主要是旅遊團、商貿人士等，這就要求飯店與外面建立很強的聯繫。對新興的五星級飯店來說，客源是主要問題。

為了吸引客源，不少新開的五星級飯店採取了「低價格」戰略，其市場房價多與四星級飯店看齊。廣州香格里拉大飯店試營業期間，便打出888元＋15%服務費的「試住價格」；而卡爾頓飯店總經理也表示，該飯店定位為「最便宜的一間卡爾頓飯店」。由於飯店的房間具有不可儲存性，賣不出去價值就是零。在高房價、20%的開房率與低房價、60%開房率之間選擇，多數飯店肯定選擇低價路線。

問題

1.談談你對價格競爭策略的認識。

2.如果飯店一味採用價格競爭會導致什麼後果？

本章小結

客務銷售是飯店銷售的重要環節，也是實現客房收入的重要途徑。本章主要闡述了客務銷售的價格策略和非價格策略，探討了制定房價的影響因素和客房定價方法等。

思考與練習

□知識思考題

1.飯店銷售有哪些策略？

2.影響房價制定的因素有哪些？

3.簡述客房定價的方法。

□能力訓練題

1.仔細閱讀案例討論中的案例「巧妙推銷豪華套房」，分組扮演不同角色，

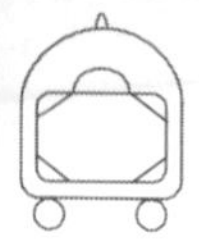

嘗試把它變成一個「情景模擬對話」進行練習。

2.利用非價格競爭策略的主要內容做客房銷售情景模擬練習。

3.利用價格競爭策略的主要內容做客房銷售情景模擬練習。

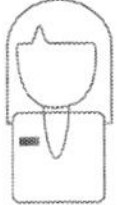

第8章 客務溝通與質量管理

本章導讀

客務作為飯店的「神經中樞」，是客人與飯店各部門之間聯繫的橋梁，客務要瞭解客人的需求和其他部門的有關工作，保證部門內部以及與各個部門之間訊息的暢通，協調飯店對客服務，為客人提供滿意的服務。同時，客務部是飯店的營業窗口，其服務質量的高低直接影響飯店的聲譽，加強客務部質量管理，可以取得良好的經濟和社會效益。

重點提示

透過學習本章，你能夠達到以下目標：

瞭解飯店溝通協調的方法

熟悉客務部與其他各部門及部門內部溝通協調的方法和程序

掌握賓客投訴處理的原則及程序

理解客務部質量管理的含義

掌握全面質量管理的內容與方法

導入案例

1505房客人的投訴

某飯店，魏先生持朋友幫他開的房的房卡和鑰匙去開1505的門，門打不開，即找來服務員。服務員看完房卡，也試開了房門仍未打開（主要是看錯房卡，接待員填寫房卡時字跡潦草把1525寫得像1505）。該服務員詢問了櫃台1505房押金是否夠，櫃台人員回答押金夠，該服務員就用樓層總鑰匙幫客人打開了1505房門。客人進房後發現房間凌亂，提出異議。服務員答覆衛生肯定做過了，會不會是客人的朋友使用過？客人當即打電話詢問朋友，答覆是在房內休息過，客人也就無異議了，當晚在該房住下。原1505的客人已住了三天，由於是陪家人來治病，當晚在醫院陪護，恰巧沒有回房休息。第二天9：00，原1505的客人回房時發現房內有人，即報保安部。當保安趕到現場瞭解情況後才知道是1525的客人住進了1505房。原1505客人非常生氣，表示要叫媒體來曝光，並要求飯店就此事給予滿意的處理結果。大廳副理趕到現場後當即向1505客人道歉，並表示馬上著手調查，盡快答覆，請1505房的客人平息怒氣，先回房休息。瞭解情況後大廳副理與值班經理攜帶鮮花、水果前往1505房，由大廳副理向其説明事情的經過，然後值班經理誠懇地説：「對不起，先生。發生這樣的事我們感到非常抱歉，由於服務員沒有認真核對房卡，結果開錯了房門，責任人我們會按制度嚴肅處理。」值班經理還表示免去該客人當天的房費，並徵求客人對處理結果的意見，如果還有要求，可以協商解決。經仔細檢查後，物品和現金均無丟失，1505房客人怒氣漸消，大度地表示諒解，他希望飯店以後杜絕此類事件再次發生。值班經理和大廳副理對客人的大度表示感謝。

分析

出現案例中的情況主要是飯店服務工作責任心的問題。本案例中的服務員雖然想為客人解決問題，但欠缺認真，雖然與櫃台核對了房號，但欠缺周全：只問了押金是否夠，不問姓名；打開房門後客人提出異議沒有引起足夠的重視；接待員字跡潦草，把1525寫得像1505，導致了客人住錯房的嚴重後果。

本案例中的值班經理、大廳副理的處理方式較合理。在失誤發生後，沒有推卸責任，而是誠懇地向客人道歉，並將處理的結果及時反饋給客人，且徵求客人對處理結果的意見，取得了客人的諒解，平息了客人的怒氣，成功處理了一起嚴重投訴。

第一節 客務溝通

客務部作為飯店的訊息中心，必須保證部門內部訊息的暢通，保證與飯店其他部門的密切聯繫，加強協作，保證飯店正常運轉，為客人提供滿意的服務。

一、溝通原理在飯店管理中的具體應用

（一）飯店溝通、協調的方法

飯店經營管理過程中，常見的溝通協調的方法主要有書面形式、語言形式、會議、電腦網路等。書面形式包括各種報表、表格、接待通知書、備忘錄、相關文件、批示等；語言形式主要指電話溝通、面談協商等；會議包括飯店召開的各種協調會、例會、班前會和班後會等，透過會議可以使各方對有關事項進行討論，達成協議，取得一致意見，公開解決一定的衝突和矛盾，是飯店訊息溝通協調的一種主要方法；電腦在現代飯店中發揮著越來越重要的作用，是飯店溝通訊息的一個重要手段，具有迅速、準確、方便、共享的特點。

（二）影響飯店溝通、協調的因素

（1）飯店內部溝通渠道不暢通，造成溝通訊息的丟失和內容的扭曲。

（2）本位主義嚴重，彼此缺乏尊重與諒解，相互拆台。在工作中，以本部門利益為重，在設計服務流程、考慮問題時沒有兼顧其他部門的實際情況，而只考慮自己是否方便，缺乏整體意識和良好的職業道德素質，影響了訊息溝通的效果。

（3）各自為政，推卸責任。飯店內部組織和個人為了獲取自己的利益，在溝通交流的時候會選擇對自己有利的訊息，刪除對自己不利的訊息，造成訊息傳遞的失真，影響飯店目標、管理決策等方面的實施和落實。

（三）消除飯店溝通、協調障礙的對策

（1）建立良好的溝通渠道，重視溝通過程的管理。溝通效果需要有相應的

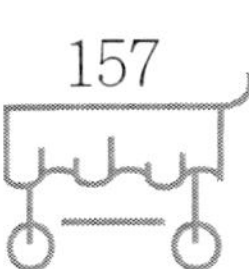

制度和規範加以保障，同時加強訊息傳遞過程的管理，增加相關考核和約束，提高溝通的過程管理。

（2）加強對管理者和員工的培訓，使之認識到飯店服務的整體性，充分瞭解溝通的重要性，掌握正確的溝通方法，能夠換個角度思考問題，使溝通變得更加暢通和有效。

（3）加強對訊息溝通執行反饋情況的檢查，抓好上下級及部門間的溝通，保證訊息雙向暢通。

（4）開展有益的集體活動，消除隔閡，增進瞭解，加強團結協作。

二、客務部與飯店其他各部門的溝通、協調

（一）客務部與客房部的溝通協調

（1）客務部注意做好與客房部核對房態訊息的工作，保證房態訊息準確無誤，確保排房工作的效率和準確性。

（2）將客人入住的訊息及時通知客房部，做好對客接待服務工作。

（3）將客人提出的有關客務服務的要求轉告客房部，為客人提供及時的服務。

（4）提前將VIP客人的接待工作通知客房部，做好客房的布置與清潔工作。

（5）客房部協助總機探望對叫醒無反應的客人。

（6）客人退房時，及時通知客房部查房。

（7）客務部向客房部遞交相關表格。

（二）客務部與餐飲部的溝通協調

（1）向餐飲部遞送客情預報表，通報有關客情訊息。

（2）向餐飲部傳遞VIP客人的接待要求及其他住宿飯店客人的進餐要求。

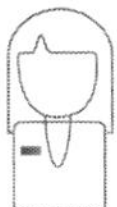

（3）掌握餐飲部各營業點的服務項目、服務特色、經營時間及營銷活動，協助餐飲部促銷。

（三）客務部與銷售部的溝通協調

（1）與銷售部密切配合，參與制定客房的銷售策略。

（2）銷售部將團隊、會議客人的預訂資料及時傳遞給客務部，客務部根據預訂要求進行排房。

（3）客務部向銷售部傳遞相關營業報表。

（4）和銷售部共同完成團隊客人的接待工作。

（5）和銷售部共同完成VIP客人的接待工作。

（四）客務部與財務部的溝通協調

（1）雙方就客人信用限額、預付款、超時房費收取及結帳後再發生費用的情況進行溝通協調。

（2）雙方就每日的客房營業情況進行細緻核對，以保準確。

（3）前台收銀將客人帳單、支票等按規定遞交財務部，以便處理和審核。

（五）客務部與總經理室的溝通協調

（1）客務部定期向總經理室呈送相關營業報表。

（2）請示、彙報對客服務的有關情況。

（3）根據總經理室的安排接待VIP客人，並遞交「貴賓接待規格呈報表」等，供總經理審閱批准。

（4）出現重大及突發事件，應該首先報告總經理室。

（六）客務部與其他部門的溝通協調

（1）客務部與人力資源部溝通協調，開展新員工的錄用、職前的培訓及員工考核工作。

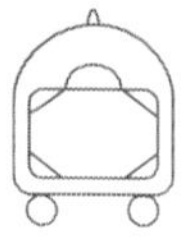

（2）客務部與保安部溝通協調，保障客人和飯店的安全，維持大廳內的正常秩序。同時保安部協同大廳副理處理各類突發事件。

（3）客務部與工程部溝通協調，送交維修通知單，保證客務部設施設備的正常運轉。

三、客務部內部員工之間的溝通、協調

（一）接待處與預訂處的溝通協調

（1）預訂處要及時把有關客人的訂房要求及個人資料移交接待處，接待處把預訂沒到的客人情況返回預訂處，以便預訂處進一步查找有關資料，作出處理。

（2）對預訂客人抵達飯店當天的訂房變更或訂房取消訊息，預訂處應及時通知接待處作相應處理。

（二）預訂處與禮賓部的溝通協調

（1）預訂處把預計翌日抵達飯店的客人資料及有關接待要求，詳細列表交禮賓部。

（2）禮賓部根據資料情況，安排飯店代表和行李員為客人提供接站和行李服務。

（三）接待處與禮賓部的溝通協調

（1）客人抵達飯店時，行李員協助客人照看行李，引導客人到接待處。

（2）行李員協助櫃台為客人傳遞留言條、換房通知單等資料。

（四）接待處與收銀處的溝通協調

（1）接待處應及時把客人的入住登記資料交給收銀處，以便收銀處管理客帳。

（2）換房時，接待處應迅速通知收銀處。

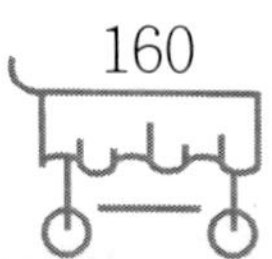

（3）雙方在夜間都仔細核帳，以免漏帳、錯帳，確保正確顯示當日營業狀況。

第二節 賓客投訴的處理

飯店服務與管理的目標是為客人提供滿意的服務，但由於飯店為客人提供服務是一個複雜的整體運作系統，涉及飯店眾多部門和環節，客人對服務的需求又各不相同，因此，客人投訴是不可避免的。對於客人的投訴，飯店應採取積極的態度進行處理。正確有效地處理客人的投訴，能夠幫助飯店重新樹立信譽，提高客人滿意度。

一、投訴的定義

飯店投訴是指由於客人對飯店所提供的服務包括服務設施、設備、項目及服務態度等感到不滿或失望，而向飯店有關部門、有關人員提出的批評、抱怨或控告。

客人投訴反映了飯店經營管理中的弱點，雖然不是一件令人愉快的事情，但卻是改進和提高飯店服務質量和管理水準的重要途徑。值得我們注意的是，並不是所有不滿意的客人都會投訴，他們中的絕大多數會把不滿留在心裡，拒絕再次光顧，而且還會向其他親友、同事宣洩不滿，這就意味著飯店失去的不僅僅是這一位客人。因此，飯店對客人的投訴應持積極和歡迎的態度，感謝客人給自己道歉和補救的機會。同時，透過對賓客投訴的處理，可以加強飯店與客人之間的交流和溝通，進一步瞭解客人的需求，提高客人的滿意度，建立客人的忠誠度。

二、投訴的原因

客人投訴的最根本原因是飯店提供的服務沒有達到客人的期望值，即客人感知到的服務與客人所期望的服務之間有差距。產生這種差距的原因主要有兩個方面。

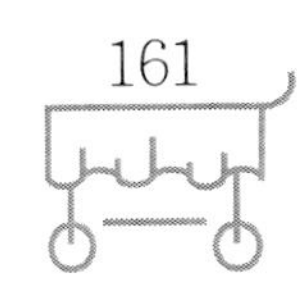

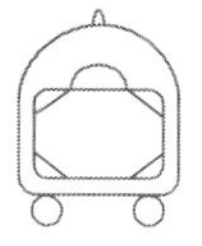

（一）飯店方面的原因

1.關於飯店設備設施的投訴

這是由於飯店設施設備運轉出現故障，未能滿足客人的要求而導致的投訴。此類投訴所占比例比較大，如空調失靈，停電停水、電梯困人等。飯店設施設備是為客人提供服務的基礎，出現故障後，服務態度再好也無法彌補，還會使客人對飯店逐漸失去「好感」。減少此類投訴的方法是飯店建立完善的設施設備保養、維修、檢查制度，儘量減少設施設備故障的發生。

2.關於服務質量的投訴

此類投訴是指服務人員在對客服務過程中，因為服務態度、禮貌禮節、服務技能、服務項目、服務效率等方面質量達不到客人期望而引起的客人投訴，如電話叫醒服務失誤、結帳時間過長、帳單出錯、遞送郵件不及時等。減少這類投訴的方法是制定規範的操作流程和標準，加強對服務人員的培訓，提高員工素質和服務質量水準。

3.關於管理質量的投訴

這往往是由於飯店管理出現疏漏，引起客人不滿而造成的投訴。如飯店的承諾沒有兑現、客人財物丟失、客人的隱私沒有被尊重等。減少這類投訴的方法是建立健全飯店的管理制度，提高整體管理水準。

4.關於異常事件的投訴

這類投訴往往是由於飯店難以控制的原因所引起的投訴，例如城市供電、供水系統出現障礙，無法購到機票、車船票等。對於此類投訴，飯店應在力所能及的範圍內幫助客人解決，如實在沒有辦法解決，應儘早向客人解釋，取得客人的諒解。

（二）客人方面的原因

飯店的客人來自五湖四海、各個層次，他們的生活習慣、身分地位、文化修養、興趣愛好等各不相同，對飯店服務的要求也不一樣，同樣的服務往往會得到

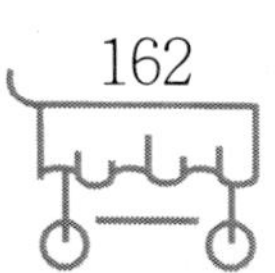

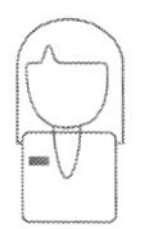

客人不同的評價。客人自身有很多因素會導致其對飯店的不滿，其中最主要的原因是客人對飯店的有關政策、制度不瞭解或不理解。例如，客人對截房、退房時間的規定不瞭解，對辦理登記手續、會客制度感到不方便等，都會引起客人的投訴。因此，前台服務員要努力為客人做好解釋工作，多方面幫助客人，消除客人疑慮。飯店應針對此類客人投訴，不斷完善和調整相應政策或制度，為客人提供更好的服務。

客人方面的其他原因還表現在客人對飯店的期望較高，一旦現實與期望相差太遠，會產生失望感；對飯店宣傳內容的理解與飯店有分歧；個別客人對飯店工作過於挑剔等。

三、投訴處理的基本程序

對於客人的投訴，首先要持歡迎態度，注意維護客人的利益，滿足客人「求尊重、求補償、求發洩」的心理。正確處理好客人的投訴，有利於飯店改善服務質量，提高管理水準，增加經濟效益，樹立良好形象。處理投訴的基本程序主要有以下幾個步驟。

（一）認真傾聽客人的投訴意見

對待任何一位客人的投訴，接待人員都要仔細、冷靜、耐心地傾聽客人的意見，對客人表示禮貌與尊重。

（1）保持冷靜。客人往往是懷著極大的不滿進行投訴的，情緒一般比較激動。在這種情況下，接待人員要冷靜、理智，保持「心平氣和」的狀態，不急於辯解，用真誠的態度，認真傾聽，不要打斷客人，先請客人把話説完，滿足他們求發洩的心理，必要時把客人請到安靜的地方處理客人投訴，這樣更容易使客人安靜下來。

（2）表示同情和理解。飯店在沒有核實客人投訴的內容之前，既不能推卸責任，也不要急於承認飯店存在過失，匆忙作出承諾，要尊重客人的意見，同情客人的處境，以誠懇的態度對客人的遭遇表示理解和抱歉，使客人感到你在設身

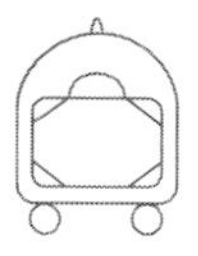

處地為他著想，從而減少對抗情緒，有利於問題的解決。

（3）真誠致謝。客人的投訴有利於飯店發現經營管理中存在的不足，提高和改進飯店服務工作。所以當客人投訴時，要真誠地向客人表示感謝。

（二）作好投訴記錄

一邊傾聽客人投訴一邊作好記錄，記錄過程中可以適時複述，這樣不僅可以使客人的講話速度放慢，緩和客人的情緒，同時還表示了飯店對客人的尊重，使其確信飯店對他反映的問題是重視的，也為飯店處理投訴提供了重要線索和原始依據。記錄的要點包括客人的房號、姓名、投訴的時間、內容等。

（三）將要採取的措施和解決問題所需要的時間告訴客人

如有可能，可以讓客人選擇解決問題的方案和措施，以表示對客人的尊敬。要充分估計解決問題所需要的時間，最好能告訴客人具體的時間，不能含糊其辭。但也不要把話說死，一定要留有餘地。

（四）立即行動，解決問題

對在自己權限範圍內能夠解決的問題，應迅速回覆客人，並告訴客人處理措施；明顯屬於飯店方面過錯的問題，應馬上道歉，徵求客人意見，作出補償性處理。對一些較複雜、一時不能處理好的問題，要耐心向客人解釋，取得客人諒解，請客人留下聯繫方式，以便將解決問題的進展和最終的處理結果告訴客人。

（五）追蹤檢查處理結果

主動與客人聯繫，檢查落實問題是否已獲得解決，客人是否滿意。如果客人不滿意，在維護飯店利益的前提下，可採取額外措施進一步解決問題，達到讓賓客滿意的目的。

（六）統計分析，記錄存檔

處理完投訴後，對投訴產生的原因及後果進行反思和總結，將整個過程加以彙總，寫成報告，並記錄存檔，為今後處理類似投訴問題提供借鑑，同時可以作為案例對員工進行培訓，改進員工的服務質量。管理人員還應當定期進行統計分

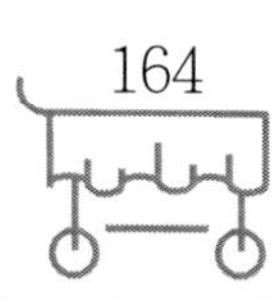

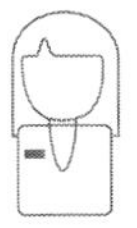

析，吸取教訓，採取相應措施，不斷改進、提高服務質量和管理水準。

四、投訴處理的基本原則

飯店在處理客人投訴時，應注意遵守以下原則：

（一）真心誠意幫助客人

飯店在處理客人投訴時，應當用「換位」的方式，從客人角度出發，理解客人的心情，同情其所處環境，真心誠意地幫助客人解決問題。只有這樣，飯店才能重新贏得客人的信任和好感，才能有助於問題的解決，滿足客人的要求。

（二）不與客人爭辯

很多客人投訴時，會使用過激的語言和行為，一旦發生爭辯，只會火上澆油，適得其反。在這種情況下，一定要注意禮貌，保持冷靜，認真聆聽客人的投訴，給客人更多的時間申訴，想方設法使客人平息抱怨，消除怒氣。如果無法平息客人的怒氣，應請管理人員來處理投訴，解決問題。同時，在處理客人投訴時，應選擇合適的地點，儘可能減少對其他客人的影響。

（三）維護飯店應有的利益

飯店服務人員或管理人員在處理投訴時，要注意兼顧客人和飯店雙方的利益，一方面，調查事件的真相，給客人以合理的解釋，保護客人的利益；另一方面，也不能為了討好客人，輕易表態，給飯店造成不該有的損失，應當保護飯店的利益，維護飯店的形象。

（四）及時處理

著名飯店集團麗思飯店有一條1：10：100的黃金管理定理，也就是說，如果在客人提出問題當天就加以解決，所需成本為1元，拖到第二天解決則需10元，再拖幾天則可能需要100元。及時處理投訴一方面可以使飯店減少損失，同時又能體現飯店對客人的關心與尊重，得到客人的諒解，提高客人的滿意度。

第三節 客務服務質量管理

服務質量是飯店的生命線，客務服務質量的高低直接反映了飯店整體的服務水準和管理水準，對飯店經營有著重大的影響。

一、客務服務質量的內容

飯店客務服務質量是有形產品質量和無形服務質量的有機結合，有形產品質量是無形產品質量的依託和憑藉，無形服務質量是有形產品質量的完善和延伸，二者相輔相成。

（一）客務服務質量的概念

客務服務質量是指以飯店的設備設施為依託，客務服務人員為賓客提供的服務適合和滿足客人需要的程度。客務部提供的服務既要滿足客人物質上的需求，更要滿足客人精神上的需求。客務服務質量的高低取決於客人對服務的預期與實際感受之間的差距，如果客人的服務預期高於實際感受，說明服務質量差，相反則說明服務質量好。

（二）客務服務質量的標準

客務部服務質量標準通常包括客務各項服務程序、服務時限、必需的設施設備、員工的服務態度和服務狀態等。

1.服務程序

客務部是綜合性服務部門，為客人提供各項基本服務，如客房預訂、前台接待、問訊服務、行李服務、商務服務、總機服務等。客務部應制定正確規範的操作規程和操作步驟，規範客務人員的工作行為，為客人提供標準化服務，確保客人得到同等的服務。

2.服務時限

隨著人們生活節奏的加快，客人期望在飯店得到方便、準確、高效的服務，

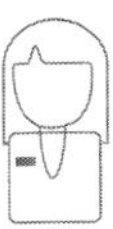

因此服務時間的長短也成為衡量客務服務質量的重要標準。飯店客務應該根據員工的業務能力、設施設備情況及接待程序制定一定的服務時間限制，在保證服務成功率的前提下，提高效率。

3.服務設施與設備

服務設施與設備是客務員工為客人提供服務的基礎，高質量的服務要以高效能的設施設備為依託。飯店的設施設備應當與飯店等級相配套，客務部應保證設施設備正常運轉以保障為客人提供高效的服務。

4.服務態度

客務服務產品中無形服務占很大比重，客人對客務服務質量的感知更多地取決於其主觀感受，因此服務人員的禮節禮貌、言談舉止、對待客人的態度和感情，對客人評價客務的服務質量造成很大的作用。

5.客務服務質量的通用標準

客務服務質量的通用標準是從客人角度出發提出的最基本要求，是客務部每個崗位在服務中都應當做到的基本標準。

（1）凡是客人看到的必須是整潔美觀的

客務的裝修要精緻典雅；物品擺放要整齊有序；環境要潔淨美觀，給客人一種美的享受。

（2）凡是提供給客人使用的必須是有效的

服務有效表現在服務設施、服務用品以及服務項目等方面，要求客務為客人提供滿足客人需求的，方便的、高效的服務。

二、客務服務質量的管理

（一）客務服務質量管理的概念與目的

客務服務質量管理是指客務部管理者為了提高客務服務質量，實現服務質量管理目標而採取的規範、培訓、監督、檢查、控制等一系列的管理手段和管理方

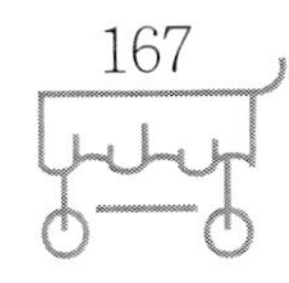

法。

客務質量管理的目標是透過各種管理手段和方法制定符合客人預期的服務標準並加以實施，從而消除客人感知的服務與客人預期服務之間的差距，達到客人滿意的目的。

（二）客務服務質量管理的內容

客務服務質量管理的內容包括客務服務質量管理的標準和服務質量管理的方法。

客務服務質量管理的標準可參照ISO 9000系列標準、飯店行業參考標準以及競爭對手標準來制定。

客務服務質量管理的方法有人力投資法、全面質量管理法、六標準差管理法、服務質量管理的差距分析模型等多種方法，其中全面質量管理法是應用最廣的一種管理方法。

三、客務全面質量管理

全面質量管理（Total Quality Management，TQM）是指在企業內部廣泛開展的，旨在不斷完善和提高企業所有的程序、產品質量的一系列步驟和方法。客務全面服務質量管理是指在飯店客務部範圍內廣泛開展的為提高服務質量而採取的各種管理方法和手段。可以從「全面」、「質量」和「管理」三個方面來理解。全面是指全方位、全過程、全體人員參與的管理；質量是指提高客人對客務服務的滿意度；管理是指對員工的組織和培訓，激發員工的工作熱情，維護服務質量。

（一）全面質量管理的範圍

客務部的全面質量管理涉及客務的每一個崗位和每一位員工，涉及工作的方方面面、各個環節。管理的範圍主要包括以下幾個方面：

1.人力資源

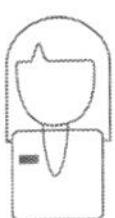

人力資源是為客人提供服務，實施全面質量管理的基本要素，人力資源的管理主要透過完善規章制度，加強對員工的培訓來不斷提高員工的整體素質，為客人提供優質服務。

2.財務制度

嚴格財務制度，控制經營費用與成本支出，增加經濟收入，是全面質量管理的重要工作之一。

3.服務產品

客人透過客務的服務產品感受服務質量，因此在服務產品設計、開發、管理等方面要適應市場的需求；同時要加強現場控制，為客人提供滿意的服務產品。

4.市場銷售

對市場銷售的全面質量管理，一方面表現在讓每位員工都意識到自己的優質服務可以提高產品質量，樹立飯店良好的形象，另一方面表現在讓每位客務人員都具備強烈的銷售意識，抓住任何一個機會推銷飯店產品，實現飯店的經濟收入。

（二）全面質量管理的要素

1.全員參與

質量管理不僅僅是管理者的事，它涉及每一位員工，當每個人都按照質量標準工作時，就能夠實現飯店服務的高質量。

2.領導藝術

客務各級管理者要注意應用合理有效的管理方法和管理藝術，加強與員工的溝通和交流，保證全面質量管理的順利進行。

3.權力下放

客務管理者要懂得授權，讓員工在工作中發揮更大的積極性和主動性，創造性地為客人提供滿意加驚喜的服務。

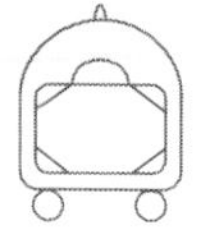

4.團隊精神

全面質量管理的實施，需要全體客務部員工的共同合作才能順利進行。

5.員工激勵

客務部管理者要透過各種激勵措施，保持員工良好的工作狀態和責任感，激勵員工的工作士氣，保證全面質量管理長久地開展下去。

6.加強培訓

透過培訓，強化員工的質量意識，深刻理解全面質量管理的意義，保證全面質量管理的成功實施。

（三）全面質量管理的過程

飯店全面質量管理是一項長期性、系統性的工作，一般要經歷計劃—實施—評估—反饋幾個階段，只有持久地開展，才能確保客務服務質量的不斷提高。

1.全面質量管理的計劃與準備

有效的計劃和前期的準備工作是保證全面質量管理實施的基礎。計劃工作主要包括確定實施全面質量管理的時間、實施步驟、控制方法、遇到問題時的應急措施等。前期準備包括對員工和管理者的培訓與教育、質量標準的制定與修正、實施前的動員工作及各種硬體設備的投入與維護等。只有全部門員工完全理解了全面質量管理的意義和重要性，在外部條件具備的情況下，才能真正開始實施。

2.全面質量管理的實施

在具體實施過程中，客務管理者須注意以下幾點：

（1）簡單化 具體管理制度、管理手段要儘量簡單化，以便於使員工理解、領會和執行。簡單化主要體現在兩個方面，一是語言通俗化，便於理解和領會；二是程序簡單化，可以提高服務的效率和成功率，從而確保服務質量。

（2）長期性　服務質量不可能在短期內提高，全面質量管理是一個系統工程，需要客務部管理人員長期持久地堅持下去，才能不斷提高服務質量，實現質量管理目標。操之過急的短期行為會帶來相反的結果。

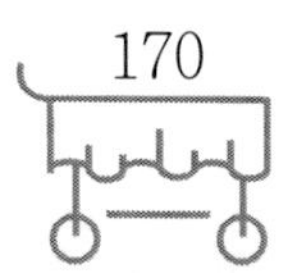

（3）善於傾聽 客務部各級管理人員在日常工作中，要注意傾聽一線員工的意見和建議，瞭解客人對飯店服務質量的感受，不斷對質量管理的方法和標準進行調整，使之更加完善。

（4）明確管理目的 實施全面質量管理的根本目的是滿足客人的需求，創造良好的經濟和社會效益。在實施過程中，靈活運用各種服務方式滿足客人的要求，達到質量管理的基本目的。

（5）掌握進程 客務部管理者要時刻瞭解並掌握全面質量管理的進程，明確質量管理的目標和取得的成績，控制質量管理進行的節奏，及時糾正全面質量管理中出現的偏差，對實施的效果和成績進行階段性的評估，總結管理過程中的經驗和教訓，使全面質量管理更好地開展下去。

3.全面質量管理的評估與反饋

在實際工作中，客務部管理人員應有計劃地對全面質量管理的效果作出階段性的評估，並盡快將評估結果及時反饋給全體員工，對成功經驗予以肯定和推廣，對失敗教訓進行分析和總結，堅定實施全面質量管理的信心和決心，保證下一階段的全面質量管理取得更大的成果。

案例討論

「熱水澡」的煩惱

住在賓館1101房間的周先生早上起來想洗個熱水澡放鬆一下。但洗至一半時，水突然變涼。周先生非常懊惱，匆匆洗完澡後給櫃台打電話抱怨。接到電話的服務員正忙碌著為前來退房的客人結帳，一聽客人說沒有熱水，一邊工作一邊回答：「對不起，請您向客房中心查詢，電話號碼是68。」本來一肚子氣的周先生一聽更來氣，嚷道：「你們飯店怎麼搞的，我洗不成澡向你們反映，你竟然讓我再撥其他電話！」說完，「啪」的一聲，就把電話掛了。

問題

1.如果你是接電話的櫃台服務人員，你將如何處理這個問題？

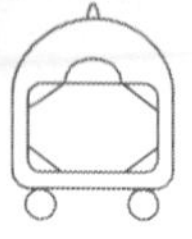

2.透過這個案例你得到什麼啟示？

本章小結

客務部作為飯店的訊息中心，在溝通協調飯店各部門高效運轉、處理客人投訴、提高飯店服務質量等方面發揮著非常重要的作用。本章簡要講述了客務部部門內部以及與其他部門之間協調溝通的主要內容，處理客人投訴的程序和方法，並對客務服務質量管理以及如何進行客務全面服務質量管理作了論述和探討。

思考與練習

□知識思考題

1.客務部應怎樣做好內外部的溝通協調工作？

2.處理客人投訴的原則是什麼？

3.試述處理客人投訴的程序。

4.如何理解客務服務質量管理？

5.怎樣做好客務部的全面服務質量管理工作？

□能力訓練題

1.仔細閱讀導入案例「1505房客人的投訴」，嘗試扮演大廳副理及客人，把它變成一個情景模擬對話進行練習。並思考若1525　房的魏先生也向大廳副理提出投訴，作為大廳副理的你該怎麼處理呢？

2.仔細閱讀案例分析「熱水澡」的煩惱，嘗試扮演接到電話的服務員和客人，把它變成一個情景模擬對話進行練習。若你是當時接到電話的服務員，把你認為妥當的處理方法表達出來。

3.嘗試就由於飯店方面的原因引起的投訴，分別做投訴處理情景模擬練習。

第9章 客房部概述

本章導讀

隨著飯店業的發展，客房部在飯店裡的地位和作用與過去相比已經發生了很大的變化。學習本章內容時，一定要擺脫傳統模式的制約，用發展的眼光，用現代化飯店的要求認識客房部的內涵。客房服務與管理的水準，不僅影響飯店的聲譽和客房銷售，而且直接影響成本消耗和經濟效益。客房是飯店的核心產品。客房服務員主動、熱情、周到、細緻的服務會給客人留下美好而深刻的印象，對提高飯店整體服務質量尤為重要。

重點提示

透過學習本章，你能夠達到以下目標：

瞭解客房部的概念和管理目標

熟悉客房的種類

熟悉客房設備用品配備

瞭解客房部在飯店中的地位與功能

瞭解客房部的組織機構和職位職責

導入案例

一晚還是兩晚

某住客夜晚11時回來，卻怎麼也打不開門，便到前台詢問。當班的正好是

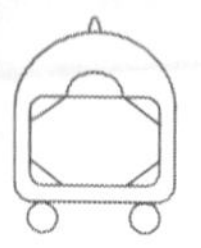

前天幫他辦理入住手續的服務員小劉。小劉告訴他，因為他辦理入住登記時說的是住一晚，因此，過了中午12時，房卡就會失效，所以打不開門。這位客人不滿地說自己當時明明說的是住兩晚。小劉也不示弱，強調自己當時清楚地聽到客人說住一晚。結果為了「一晚」還是「兩晚」，小劉便和客人爭執起來。值班經理迅速到場，瞭解事情原委後，一方面制止小劉再多說，另一方面不斷向這位客人道歉，承認是飯店不對，並主動提出房費可以予以八折優惠。在這位值班經理的安撫下，客人趨於平靜，準備拿房卡回房休息。但是，沒想到不再說話的服務員小劉，明顯不高興地將新做好的房卡從檯面推向客人。這使得本已消氣的客人又被激怒了，任憑值班經理好話說盡，也不肯原諒，結完帳甩袖而去。

分析

現實中，有許多服務人員，雖然他們也知道「顧客是上帝」、「顧客是親人」、「顧客總是對的」，而一旦發生糾紛，卻不能把持自己。也許在他們看來，顧客是人，我也是人，為什麼明明是客人不對，反而讓我說「對不起」。這說明了「顧客總是對的」只是貼在了牆上，掛在了嘴邊，並沒有真正入到心裡。

在本案例中，服務員如能在發生爭執之前即刻道個歉，說句「對不起，也許是我聽錯了」之類的話，完全可以大事化小，小事化了，客人絕不會再多計較。要讓一線員工樹立起「顧客總是對的」這樣的觀念，要透過不斷的培訓考核，改變或剔除那些不適宜從事服務工作的個性員工。

第一節 客房部的基本概念

一、客房部的概念

客房部（Housekeeping Department），又稱房務部或管家部，一般包括樓層、公共區域和洗衣房。其主要職責是為客人提供清潔、典雅、舒適、安全的房間和熱情周到的各種服務，同時還具有維護、保養客房設施設備的責任以及客房日常經營活動的管理。客房服務與管理的水準，不僅影響飯店的聲譽和客房銷售，而且直接影響成本消耗和經濟效益。客房部是飯店經濟收入的主要來源之

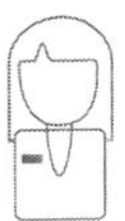

一。客房是飯店出售的最基本最重要的產品，是飯店的基本設施和存在的基礎，是飯店等級和服務質量的重要標誌。受市場需求和高新技術的影響，客房種類、功能空間的設計及設備用品的配備，在原有標準的基礎上，出現重大的變化趨勢。隨著飯店業競爭的日益加劇，客房基層管理者與服務員的素質，成為制約客房部發展的重要因素。

二、客房部的管理目標

作為飯店的基本職能部門，客房部的管理目標與飯店的總目標是一致的。客房部的管理目標包括以下幾點。

（一）負責客房及有關公共區域的清潔保養，使飯店保持其設計水準

客房部不僅要負責客房及樓層公共區域的清潔和保養，而且還要負責飯店其他公共區域的清潔和保養。飯店清潔工作屬於客房部，符合專業化管理的原則，有助於提高工作效率，可以減少清潔設備的投資，並有利於對設備的維護和保養。飯店的設計水準能否體現和保持，與客房清潔工作密切相關，好的管理可使飯店歷久如新，而不善的管理則會使飯店過早老化，從而失去其設計的水準和風采。

（二）為客人提供一系列的服務，使其在住宿飯店期間更覺舒適和滿意

飯店不僅是客人旅行中下榻的場所，也是客人出門在外時的「家」，客房部為客人提供各種服務就是要使客人有一種在家般的親切。客房部為客人提供的服務有迎送服務、洗衣服務、房內小酒吧服務、托嬰服務、擦鞋服務、夜床服務等。客房部管理人員的工作是根據其飯店目標客源市場的特點，提供相應的服務，並不斷根據客人需求的變化改進自己的服務，從而為客人創造一個良好的住宿環境。

（三）不斷改善人、財、物的管理，提高效率，開源節流

增收節支、開源節流是企業創造經濟效益、實現經營目標的基本原則和做法。客房部作為飯店企業的重要部分，也應把提高效率、開源節流作為其管理目

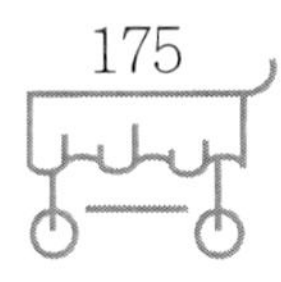

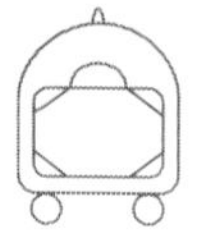

標。

隨著飯店規模的不斷擴大和競爭的日益加劇，對客房部人、財、物的管理，已成為一項非常重要的工作。由於客房部是飯店中人員最多、工種複雜的部門之一，對其人員費用及物品消耗的控制成功與否，關係到飯店能否真正盈利。客房管理者的職責也從單一的清潔質量的管理，擴展到定崗定編、參與招聘與培訓、制定工作程序、選擇設備和用品及對費用進行控制等工作領域。

（四）協調配合其他部門提供一系列的服務，保證飯店整體工作的正常進行

飯店是個整體，需要各部門的通力合作才能運轉正常。在為其他部門服務方面，客房部扮演著重要的角色，它承擔著為其他部門提供工作場所的清潔與保養，布件的洗滌、保管和縫補，制服的製作、洗滌與更新以及花木、場景的布置等繁重複雜的工作。以上這些服務水準的高低，直接影響飯店的服務質量，體現著飯店的服務與管理的水準。

三、客房部在飯店中的地位

雖然現代飯店越來越向多功能方向發展，但滿足客人住宿要求仍是其最基本、最重要的功能，客房仍是不可或缺的基本設施。

（一）客房是飯店的基本設施和主體部分

人們外出旅行，無論是住旅館還是飯店，從本質上説都是住客房。所以，客房是人們旅遊投宿活動的最主要場所，是飯店的最基本設施。

另外客房的數量還決定著飯店的規模。國際上通常根據客房數量將飯店劃分為大型飯店、中型飯店和小型飯店三類：一般擁有300間以下客房的為小型飯店；擁有300～600間客房的為中型飯店；擁有600間以上客房的為大型飯店。飯店綜合服務設施的數量一般也由客房數量決定，盲目配置將造成閒置浪費。從建築面積看，客房面積一般占飯店總面積的70%左右。如果加上客房商品營銷活動所必需的客務、洗衣房、客房庫房等部門，總面積將達80%左右。客房及內部配備的設備物資無論種類、數量、價值都在飯店物資總量中占有較高比重，所

以説客房是飯店設施的主體。

（二）客房服務質量是飯店服務質量的重要標誌

客房服務質量如何，直接關係客人對飯店的總體評價和印象，如客房清潔衛生、房間裝飾布置、服務員的服務態度與工作效率等。

飯店公共區域，如客務、洗手間、電梯、餐廳、酒吧、舞廳等，客人同樣希望清潔、舒適、優雅，並能得到很好的服務。非住宿飯店賓客對於飯店的印象更是主要來自於公共區域的設施與服務，所以客房服務質量及其外延部分是客人和公眾評價飯店質量的重要依據。

（三）客房收入是飯店經濟收入的主要來源

飯店的經濟收入主要來源於三部分：客房收入、餐飲收入和綜合服務設施收入。其中，飯店房費收入一般要占飯店全部營業收入的40%～60%，功能少的小型飯店可以達到70%以上。從利潤來分析，因客房經營成本比餐飲部、商場部等都小，所以其利潤是飯店利潤的主要來源，通常可占飯店總利潤的60% ～70%，高居首位。另外，客房出租又會帶動其他部門服務項目、設備設施的消費和利用，給飯店帶來更多的經濟效益。

（四）客房部的服務與管理直接影響整個飯店的運行管理水準

如前所述，客房部能為飯店的總體形象和其他部門的正常運行創造良好的環境和物質條件，加之客房部員工占飯店員工總數的比例較大，其培訓管理水準對飯店員工隊伍整體素質的提高和服務質量的改善有著重要意義。另外，客房部的設施、設備、物資眾多，對飯店成本控制計劃的實現有直接作用。因此，客房部的管理對於飯店的總體管理關係重大，是關係整個飯店運行管理水準的關鍵部門之一。

第二節 客房的基本設備和用品

客房是飯店最基本、最主要的產品。不同類型、等級的飯店，為了滿足客人

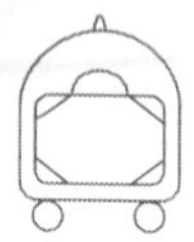

住宿需要，開發、設計、設置了不同類型的客房。隨著市場經濟的變化和飯店之間競爭的加劇，飯店的客房種類、內部設備設施用品的配備趨向多樣化、個人化，以適應不同類型客人的需求。

一、客房的類型

客房是住宿飯店客人必須購買的最主要的商品，為滿足不同客人的需求，應布置不同類型的客房。按不同的分類標準，客房可分為若干種類，目前飯店常見的客房種類有以下幾種。

（一）單人間

單人間（Single　Room）又稱單人房，是指房內設一張單人床，是飯店中最小的客房。飯店單人間數量一般不多，並且屬於經濟房。

近年來隨著人們住宿習慣的變化，單人間的需求數量在增加，很多飯店根據市場這一需求，擴大單人間的面積，配置更為講究的設備用品，以此適應更多的有較高消費能力的單身客的住宿需求。對此類房間需求的變化，逐步改變了單人間為經濟房的傳統觀念。

根據廁所條件，單人間又可分為無浴室單人間、帶浴室單人間。

（二）大床間

大床間（Double　Room）是在房內放一張雙人床的客房。主要適用於夫妻旅遊者居住，新婚夫婦使用時，稱做「蜜月客房」。

目前高星級飯店流行的「萬能客房」的設計思路，多數是將大床間加以改造，房內備有寬大的辦公桌和先進的辦公通信設備，以此吸引高級商務客人下榻。

（三）雙床間

雙床間（Twin Room）的種類很多，可以滿足不同層次客人的需要。

（1）在房內配備兩張單人床，稱為「雙人房」（Standard　Room）。這是飯

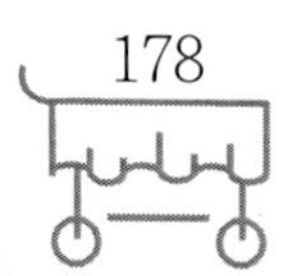

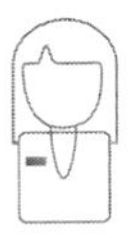

店主要客房種類，一般用來安排旅遊團體或會議客人，可住兩位客人。一般普通散客也多選擇這類客房。

（2）為了出租和方便客人，有的飯店配備單雙兩便床，可將兩床合併為大床，作為大床出租。某些飯店為了顯示其規格和經營特色，在房內配備兩張雙人床。這種客房可供兩個單身居住，也可供一對夫婦或一個家庭居住。

（3）配備一張雙人床、一張單人床，或配備一張大號雙人床、一張普通雙人床。這類房間容易滿足家庭旅行客人需求。

（四）三人間

三人間（Triple Room）是指房間內放三張單人床，是經濟型客房，這種客房在新興城鎮或市郊的飯店有較多的客源。中高級飯店這種類型的客房數量極少，甚至不設，當客人需要3人同住時，往往採用在雙人房加床的辦法。

（五）套房

套房也有多種類型。

1.標準套房

標準套房（Standard Suite）又稱普通套房，一般由連通的兩個房間組成。一間為臥室，另一間為起居室。臥室內通常配備一張雙人床或兩張單人床，並附有廁所。起居室也設有盥洗室，內有馬桶和洗臉盆，可不設浴缸，一般供訪客使用。普通套房既可住宿，又有會客場所，是一般商務客人比較理想的房間。

2.商務套房

商務套房（Business Suite）是專為從事公務、商務活動的客人而設計的。客房內設施設備的配備與布置都充分考慮商務客人的辦公需要，如增加一間小型洽談室、配備傳真機、專用的特別寬大的辦公桌、燈桿可伸縮的檯燈，以及電腦的專用插孔、寬頻接口和電源插座等。

3.豪華套房

豪華套房（Deluxe Suite）可以是雙套房，也可以是三套房。臥室中配置大

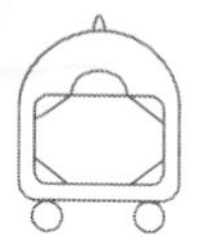

號雙人床或特大號雙人床。房間通常分為臥室、起居室、餐室或會客室。為呈現豪華氣派，這類套房十分注重房內的裝飾布置與設備用品的等級。基本條件是室內設備配套齊全，家具用品豪華、美觀、質地上乘，氣氛和諧高雅，廁所設備舒適豪華。

4.總統套房

總統套房簡稱總統房（Presidential Suite），至少由5間以上房間組成，有的甚至占據一層樓。一般設主副臥室、辦公室、會客室、用餐室。有的總統套房還設有隨員室、會議室、廚房、娛樂休息室等。甚至還有的設室內小花園。

總統套房內設置豪華家具、清潔用具，陳列工藝品、古董等，房間布置極為講究。總統房價格昂貴，出租率很低，一般為四星級以上飯店擁有。總統套房是個專用名稱，並非只有總統才能入住，凡是能承受總統套房開支的客人，都可以住進，享受總統般的禮遇。

（六）商務樓層

商務樓層（Business Floor）亦稱行政樓層，是為滿足許多對服務標準要求高，並希望有一個良好的商務活動環境的客人特別設置的樓層。目前高星級飯店已普遍設立。它由客房整個樓層組成。商務樓層設有專門接待廳，專為本樓層客人提供快捷入住登記、結帳服務；為方便客人就餐、休閒會客，專門設有休息室、接待室；為方便客人進行商務洽談，設有小型會議室，室內電視、電腦、投影機、音響播放等現代會務設施一應俱全。商務樓層設有單獨的商務中心，內有電腦、影印機、傳真機，並有網際網路絡的服務，充分滿足客人的商務活動要求。

飯店客房除上述類型外，還有其他特殊形式。如可以根據需要變換用途的多功能房間，可以透過連接門將其轉換為單人房、套房、雙人房等。還有專門為殘疾人使用而設計的客房等。

另外，如果按客房位置劃分，還可分為：

（1）外景房：窗戶朝向公園、峻山、大海、湖泊或街道的客房。

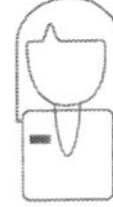

（2）內景房：窗戶朝向飯店店內景色的客房。

（3）角房：位於走廊走道盡頭的客房。

（4）連通房：隔牆有門連通的客房。

（5）相鄰房：室外兩門毗連而室內無門相通的客房。

二、客房的功能空間和設備與布置

（一）客房的功能空間和設備

客房通常都設有5個功能區域：睡眠空間、起居空間、儲存空間、書寫空間和洗漱空間，而每個區域都有不同的設施設備及用品。

1.睡眠空間

睡眠是住宿飯店客人住宿使用客房的第一需求，睡眠空間是客房最基本的空間。睡眠空間中最主要的家具是床。飯店一般使用西式床，即席夢思床。它由床頭軟板、床墊、床架組成。床通常放置在房間居中的位置，兩邊均可上床。一般來說床不放在窗口下，也不放置在面對房門的位置。

床頭櫃與床相配套，床頭櫃帶有多功能電子控制板，上有各種電器、電燈開關按鈕或觸碰器，可以滿足和方便客人在就寢期間各種基本要求。

床頭燈應選用低強度的普通光，漫射照明，光線可調節。現在飯店這方面的安裝出現新的潮流，如有的床上面裝飾一塊天花板，天花板上有兩個射燈，照度與高度均符合客人需求，解決了客人看書感到疲勞的問題。

主要的用品有床罩、床單、枕頭、枕套、窗簾等。

2.書寫空間

雙人房的書寫空間一般安排在床的對面，沿床設計一張條形辦公桌，檯面較長，可放置檯燈、服務夾、電視機。下面有抽屜，可放置小物品。辦公桌與化妝台一般合用，牆面都設有梳妝鏡。辦公桌一側靠近小過道處放置行李架，便於客人放置行李，拿取物品或整理行李。在行李架附近位置，還會有房內小酒吧（小

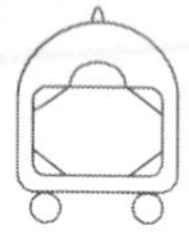

冰箱）。

主要的用品有文具類和低值易耗品及酒水、食品，如信封、信紙、筆、服務指南、購物袋、菸灰缸、水壺、水杯等；小酒吧裡會有國產酒、洋酒、飲料、礦泉水、小食品等，是需要另外付費的。

3.起居空間

雙人房的起居空間一般在窗前區。這裡放置圈椅或小沙發、茶几或小圓桌，配置檯燈。此處供客人休息、會客、觀看電視、閱讀等用，此外還兼有供客人進餐的功能。

配備的用品通常有菸灰缸、水壺、水杯、茶或咖啡、便箋、筆等。

4.儲存空間

客房壁櫥是主要的儲存空間，一般設在客房小過道側面，壁櫥內可存放衣帽、箱子，有的還設有鞋箱或鞋籃及保險櫃。壁櫥門在小過道開啟，由於外開門會有礙走道交通，設計一般都做成推拉門或折疊門。壁櫥內或外有照明燈，隨門開啟關閉而自動亮滅。

普遍配備的用品有衣架、洗衣袋、擦鞋紙、鞋拔、睡衣等。

5.洗漱空間

客房廁所是洗漱空間，能滿足客人盥洗、洗浴和如廁的需要。廁所在客房中處於舉足輕重的地位，現代飯店客房廁所面積在整個客房中占的比例呈增加趨勢，投入資金也在增多，設施用品的等級和質地也趨於講究。

浴缸、洗臉盆、馬桶是廁所基本設備，通稱廁所的三缸。浴缸上附設淋浴器與固定座，滿足客人盆浴與淋浴的需求。浴缸底部一般採取了凹凸的或光面、毛面相間的具有防滑功能的設計，有的飯店對無防滑措施設計的浴缸，增設了橡膠防滑墊。浴缸上方牆上有浴簾桿和晒衣繩盤。浴缸水龍頭對面牆上固定著浴巾架。

一般配備的用品有毛巾、浴巾、手巾、沐浴乳、洗髮精、洗手乳（香皂）、

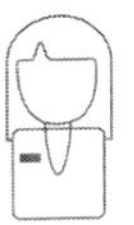

牙刷、梳子、面巾紙、衛生紙等，有的飯店的客房還配備吹風機、刮鬍刀等。

近年來一些高星級飯店競相在豪華套房內裝置高級浴缸，沐浴使用立式三溫暖浴箱，以滿足客人消除疲勞、增進健康的高層次消費需求，同時也顯示了飯店的等級。

廁所一般沒有窗戶，全部依靠人工採光，照明必須充足。為保證化妝色彩合適，一般採用與日光光色相同的三原色日光燈，安裝在鏡子的上方。

不同等級的飯店對設備的要求不同。高級飯店的設備應品位高貴、質地考究等，以體現豪華；中級飯店的設備用品則要求美觀、舒適、方便、安全；低階飯店應以實用、方便、經濟、安全為原則。同一飯店的不同類型、不同等級的房間對設備的要求也是不相同的。但是，任何等級的飯店提供賓客使用的設備必須完好齊全，安全、方便、舒適。

（二）客房的布置

客房的布置也是一項非常重要的工作，布置的好壞往往會影響客人的心理感受，構成客人對服務質量評判的內容之一。從這個角度來看，做好房間的布置工作有著非常重要的意義。

布置客房時一般遵循兩個原則，即實用和美觀。首先，要實用，一切從方便客人的角度出發，燈光的亮度、鏡子的高度都要適宜。其次，在實用的基礎上還要注意美觀和諧，講究情調，給客人一種享受的感覺。如室內顏色的搭配，家具的擺設，窗簾、燈光、壁畫之間的調節等。

客房環境舒適與否，在相當程度上取決於客人對視覺的滿足程度。而在視覺感知的過程中，色彩的作用非常關鍵。這裡簡要介紹一些有關色彩的基本知識。

1.人對色彩的感覺

冷暖的感覺：也就是人們所熟知的冷暖色，冷色一般顯得沉著，暖色則顯得柔和。

重量的感覺：色彩的明度越大，則感覺會越輕；明度越小，則感覺越重。

視覺的感覺：不同的色彩會引起人們不同的感覺，興奮或是沉靜，相應對人們視覺疲勞的影響也不同。一般來說，暖色調比冷色調更容易引起人們的視覺疲勞。

軟硬的感覺：一般來說，冷色和暗色會讓人感覺硬而沉著，而暖色、亮色則讓人感覺軟而柔和。

距離的感覺：一般來說，暖色讓人感覺近，冷色讓人感覺遠；高明度的色彩讓人感覺近，低明度的色彩則讓人感覺遠。

2.色彩的和諧

如果要有美感，就必須注意在處理色彩時講究對比與協調，這是創造室內良好氣氛與環境的一個關鍵要素。追求色彩的和諧，關鍵是要在協調與對比之間把握好分寸。另外，使色彩和諧的一個重要原則是遵從自然的規律，比如，天花板適宜用淺顏色，牆壁適宜用中間色，而深顏色一般用於地板，這些都是大家公認的通則。符合通則，才能為大多數人所接受。

第三節 客房部的組織機構和崗位職責

一、客房部的組織機構

科學、合理的組織機構是客房部順利開展各項工作、提高管理水準和工作效率的組織保證。根據組織機構精簡、統一、高效的原則及客房工作的特點，客房部組織機構應該是分工明確、統一指揮、溝通流暢的有機整體。客房部的組織機構由於各個飯店的規模、等級、業務範圍、經營方式不同，在客房部組織機構的設置上是有所區別的。

二、客房部的機構形態

建立科學的組織機構，是保證客房部順利開展各項工作，確保部門正常、高效運轉的基本條件。客房部的組織機構應根據各飯店的實際而設計，並隨著其自

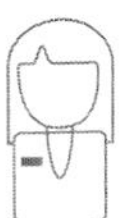

身情況的變化而調整。

以下是大中型和小型客房的組織機構圖（見圖9-1和圖9-2）。

組織機構圖反映部門及部門內部各崗位的基本職責，在設計客房部組織機構時，要著重考慮以下幾個問題。

（一）客房部的清潔範圍

國際上大多數飯店把廚房以外的所有區域的清潔工作都劃歸客房部，這些區域包括前台和後台的公共場所、各行政辦公室、庫房等區域。

（二）服務模式

客房服務模式有兩種，一種是樓層值台服務模式，一種是客房服務中心服務模式。

1.樓層值台服務模式

飯店客房區域內各樓層的服務台稱為樓層服務台或樓面服務台，它發揮著客務部總服務台駐樓層辦事處的職能，24小時設專職服務員值台，服務台後面設有供客房服務員使用的工作間。樓層服務台受客房部經理和樓層主管的直接領導，同時在業務上受總服務台的指揮。作為一種傳統的接待服務組織形式，樓層服務台有其弊端但也有其特有的優勢。

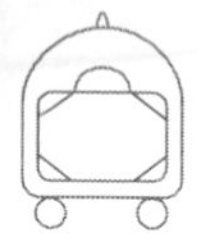

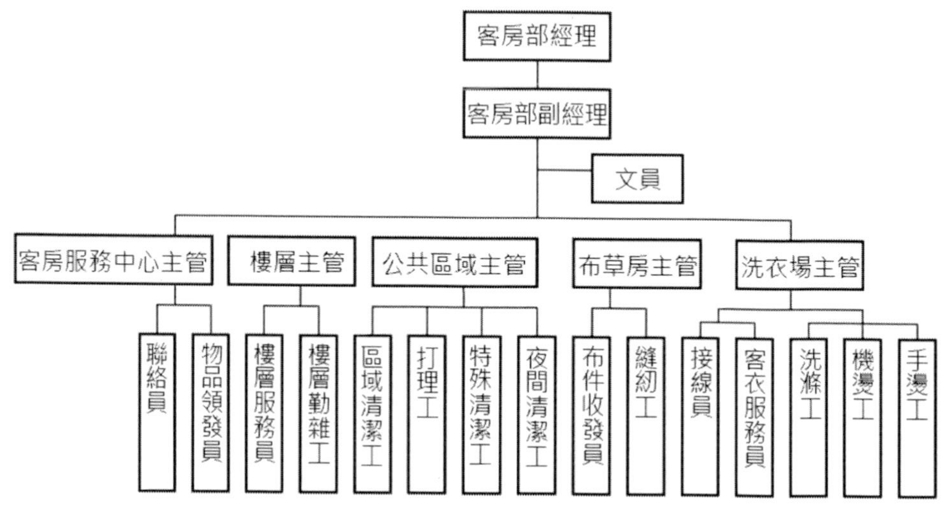

圖9-1 大中型飯店客房部組織機構

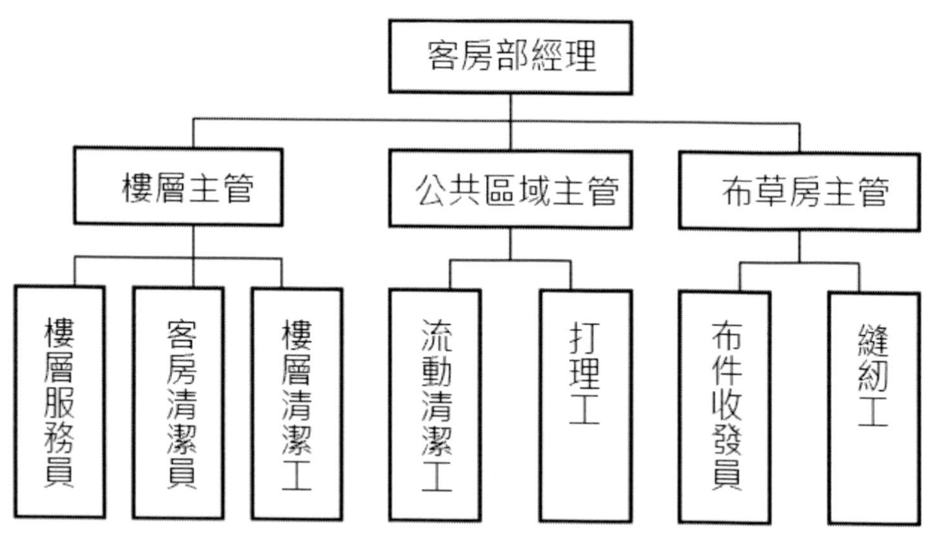

圖9-2 小型飯店客房部組織機構

（1）樓層服務台的優點

①具有親切感。這是樓層服務台最突出的優點，也是最能體現、最能代表「中國特色」的優點。由於樓層值台人員與客人的感情交流，更容易使客人產生「賓至如歸」的感覺。

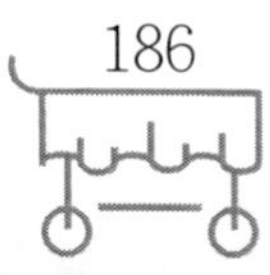

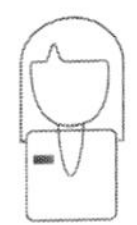

②保證安全和方便。由於每個樓層服務台均有服務人員值班，因此對樓層中的不安全因素能及時發現、彙報、處理；同時，客人一旦有疑難問題需要幫助，一出客房門就能找到服務員，極為方便，使客人心裡踏實。在以接待內賓會議客人為主的飯店裡，甚至在一些豪華飯店裡，樓層服務台仍受到客人們的歡迎。

③有利於客房銷售。對於有關客人入住、退房、客房即時租用的情況，樓層服務台能及時準確掌握，有利於前台客房銷售工作。

④能加快退房的查房速度。這樣避免使結帳客人等候過久，因而產生不愉快的感受。

（2）樓層服務台的缺點

①勞動力成本較高。由於樓層服務台均為24小時值班，要隨時保證有人在現場，因此僅值台一個崗位就占用了大量人力，給飯店帶來較高的勞動力成本。在勞動力成本日益昂貴的今天，許多飯店淘汰這種服務模式的最主要原因也在於此。

②管理點分散，服務質量較難控制。分布在每個樓層的服務台勢必造成管理幅度的加大，每個服務台上的服務員的素質水準多少又有些差異，一旦某個服務員出現失誤，將會直接影響整個飯店的聲譽。

③易使部分客人產生被「監視」的感覺。生活在現代社會的人們，尤其是一些西方客人對自身的各種權利非常重視，特別是個人的隱私權，因此，出入飯店的客人更希望有一種自由、寬鬆的入住環境。再加上有些飯店的值台服務員對客人的服務缺乏靈活性和藝術性，語言、表情、舉止過於機械化、程序化，更使客人容易產生不快，甚至感覺出入客房區域受到了「監視」。

2.客房服務中心模式

為了使客房服務符合以「暗」的服務為主的特點，保持樓層的安靜，儘量減少對客人的干擾和降低飯店的經營成本，越來越多的飯店採用客房服務中心的服務模式。客房樓層不設服務台，而是根據每層樓的房間數目分段設置工作間。工作間不承擔接待客人的任務。客人住宿期間需要找客房服務員時，可以直接撥內

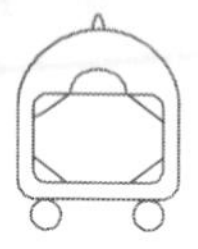

線電話通知客房服務中心，服務中心實行24小時輪班制，在接到客人要求提供服務的電話後，通知客人所在樓層服務員上門為客人服務。

作為從國外引進的一種服務形式，服務中心在實際運轉中也有其利弊，研究其利弊對提高客房管理水準，同時進一步完善這種形式使之更適合中國旅遊飯店的客房管理工作實際需要都具有重要的意義。

（1）客房服務中心的優點

①突出「暗」服務。從對客服務的角度看，客房服務中心最突出的優點就是給客人營造了一個自由、寬鬆的入住環境；同時，使客房樓層經常保持安靜，減少了對客人的過多干擾。另外，由於客人的服務要求由專門的服務人員上門提供，能讓客人感受到更多的個人照顧，符合當今飯店服務業「需要時服務員就出現，不需要時就給客人多一些私人空間」的趨勢。

②降低成本，提高勞動效率。從客房管理工作的角度來看，採用服務中心的模式加強了對客服務工作的統一指揮性，提高了工作效率，強化了服務人員的時效觀念。服務訊息傳遞渠道暢通，人力、物力得到合理分配，有利於形成專業化的客房管理隊伍。尤為重要的是，採用服務中心的形式大大減少了人員編制，降低了勞動力成本，這在勞動力成本日益提高的今天尤其重要。

（2）客房服務中心的缺點

採用服務中心的模式同樣也存在一些不足。比如：由於樓層不設專職服務員，給客人的親切感較弱，弱化了服務的直接性；一些會議客人、團體客人的服務要求一般比較多，讓客人不停地撥打服務中心的電話，必定會不耐煩。如果有些客人出現一些急需解決的困難，服務的及時性必將受到影響。另外，採用服務中心的模式對樓層上的一些不安全因素無法及時發現和處理，在某種程度上影響了住客的安全。

3.服務模式的選擇依據

飯店到底選擇哪種服務模式，要根據飯店自身的實際情況及考慮客人的需要來決定，比較理想的服務組織形式應該既能體現飯店自身的經營特色又能受到絕

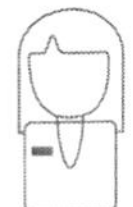

大多數客人的歡迎。在實際運作時，下面兩個因素可供參考：

首先，考慮本飯店的客源結構和等級。如果飯店客源結構中外賓、商務散客占絕大多數的話，可以採用客房服務中心的模式；如果飯店以接待會議團隊客人為主，且又以內賓占絕大多數，採用樓層服務台的模式更合適；如果客源構成比較複雜，則可考慮將兩種模式結合起來，比如白天設樓層服務台，晚上由客房服務中心統一指揮協調，這些應在服務指南中向客人說明。

其次，考慮本地區的勞動力成本的高低。經濟發達地區勞動力成本較高，飯店採用客房服務中心的組織形式就比較多；反之，則採用樓層服務台的比較多。當然這樣的情況也不盡然，在有些大城市的豪華飯店裡，由於當地勞動力市場的原因，這些飯店大量招用中國一些旅遊職業院校的學生作為服務人員，由於學生是以實習生的身分在飯店內工作，所以勞動力成本較低，而飯店又能保持較高等級的人工服務，因此，在一些大城市的豪華飯店仍有不少採用了樓層服務台的模式。

三、客房部主要管理人員的崗位職責

（一）客房部經理

（1）主持客房部工作和部門例會，聽取各項彙報，傳達上級有關會議精神，布置飯店長官下達的各項有關經營管理指令，檢查督促具體工作的執行情況及進度，解決工作中的問題。

（2）制定本部門的年度、季度及月度預算、工作計劃和各項工作目標並組織實施，及時並動態掌握部門營業收入等各項經營指標的完成情況，控制經營成本以爭取達到最佳的經濟效益。

（3）負責制定和完善部門的崗位職責及各項規章制度，不斷改進工作方式和服務程序，努力提高服務水準。

（4）檢查並督導各管理區域的管理，確保各項計劃指標、規章制度、工作程序、質量標準的落實。

（5）巡視所屬各區域和營業場所，著重檢查服務、清潔、養護、環境衛生、工作落實、安全和勞動紀律等方面的情況，隨時進行現場督導，發現並及時有效地解決存在的問題和隱患。

（6）負責客房部物品的採購計劃和日常管理，同時對日常用品進行規劃、選配、調用，督導清潔保養、維修和報廢處理等工作。

（7）每日定量抽查客房，對房間的衛生清潔、保養維護情況進行細緻檢查，並上報上級長官，定期召集工程維修協調會，與工程部密切配合，做好本部門設施設備的維修保養工作。

（8）檢查、落實大型宴會、會議和VIP客人的接待、準備及相關工作落實情況，積極進行現場督導，合理高效地安排部門工作。

（9）根據飯店設施設備狀況，適時提出有關飯店客房區、公共區、營業區設施設備更新改造和維護保養等方面的建議，協助制定更新改造和維護計劃，並參與督導實施及檢查落實等工作。

（10）與飯店各相關部門進行溝通、協調，保持密切合作。

（11）注意對有關訊息數據的收集和整理，對有關報表、報告提供有力數據支持，便於進行預測、統計和分析。

（12）完成飯店上級長官分派的其他工作和任務。

（二）客房部副經理

（1）參與主持客房部工作和部門例會，聽取各項彙報，傳達上級有關會議精神，布置經理下達的各項有關經營管理指令，檢查督促具體工作的執行情況及進度，解決工作中的問題。

（2）參與制定本部門的年度、季度及月度預算、工作計劃和各項工作目標並組織實施，及時並動態掌握部門營業收入等各項經營指標的完成情況，控制經營成本以爭取達到最佳的經濟效益。

（3）參與負責制定和完善部門的崗位職責及各項規章制度，不斷改進工作

方式和服務程序，努力提高服務水準。

（4）制定和督導實施部門的培訓計劃，持續不斷地提高本部門員工的整體素質。

（5）檢查並督導各管區的管理，確保各項計劃指標、規章制度、工作程序、質量標準的落實。

（6）巡視所屬各區域和營業場所，著重檢查服務、清潔、養護、環境衛生、工作落實、安全和勞動紀律等方面，進行現場督導，發現並及時有效地解決存在的問題和隱患。

（7）參與客房部物品的採購計劃和日常管理，同時對日常用品進行規劃、選配、調用，督導清潔保養、維修和報廢處理等工作。

（8）每日定量抽查客房，對房間的衛生清潔、保養維護情況進行細緻檢查，並上報上級長官。

（9）在經理授權下，與飯店各相關部門進行溝通、協調，保持密切合作。

（10）平時注意對有關訊息數據的收集和整理，對有關報表、報告提供有力數據支持，便於進行預測、統計和分析。

（11）完成經理交辦的其他工作和任務。

（三）客房中心主管

（1）督導客房中心聯絡員和物資領發員的工作。

（2）負責客房部物資設備的檔案管理。

（3）負責客房部物品消耗的統計分析。

（4）定期對客房部的物資進行盤點。

（5）負責客房部保修項目的統計和落實。

（6）掌握客房清掃整理的工作進度，必要時協助樓層主管調配人員。

（7）代理客房中心聯絡員的工作。

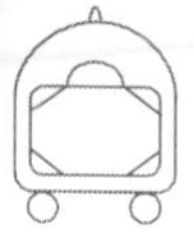

（8）完成經理、副經理交辦的其他工作。

（四）樓層主管

（1）在客房部經理的領導下，負責員工的排班、考勤及輪休假，根據住客情況及員工自身的特點，安排日常工作，檢查日常工作中存在的問題並及時上報。

（2）負責下屬員工的崗位紀律和業務技能的培訓，確保員工能夠進行安全、規範的操作，言談舉止、禮貌禮節要符合飯店標準。

（3）負責客房內所有維修項目的統計和核實檢查工作，保證樓層設施、設備及用品的完好有效。

（4）每天巡視客房，檢查VIP房，抽查已清理完畢的客房，確保客房清潔衛生。

（5）加強與布草房和洗衣房的聯繫，確保樓層棉織品、布草及客衣的清洗質量及返回實效。掌握好各班組日常更換的布草及客房用品的消耗情況，防止損失、浪費。

（6）觀察及掌握員工的工作狀態，對員工進行績效考評，解決員工工作中遇到的問題。

（7）負責樓層的安全工作，確保賓客及員工的人身、財產的安全。

（8）接受並處理一般客人對客房服務工作的投訴，運用自身的專業技能和語言技巧妥善處理，給客人以滿意的答覆並及時上報。

（9）完成經理、副經理交辦的其他工作。

（五）公共區域主管

（1）帶領員工完成主管下達的任務，檢查員工完成任務的情況。

（2）負責員工的日常業務培訓和職位紀律考核，確保員工安全、正確地進行操作，言談舉止符合飯店規定。

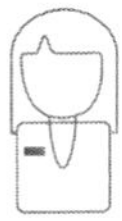

（3）負責員工的排班、考勤及輪休假，根據客情需要及員工特點安排日常工作。

（4）負責檢查飯店所有公共區域的衛生清潔工作，為賓客住宿、娛樂、就餐等提供一個整潔舒適的環境。

（5）做好各類機器設備、工具和用品的維護保養工作，透過對員工進行常規培訓來提高工作效率、延長機器設備的使用壽命。

（6）負責與各部門之間的溝通、協調，做好有關場所的專項清潔工作，確保各部門正常營業及運作。

（7）完成經理、副經理交辦的其他工作。

（六）布草房主管

（1）根據飯店客房數量，核定各種布草的需要數量和各種布草的替補率，保證布草能滿足周轉需要。

（2）負責監督布草的縫補、修改及防火、防潮、防蟲工作，保證清洗後的布草乾淨無損，符合衛生品質要求。

（3）確保按手續辦理布草進出，檢查實物的擺放、庫存、帳目登記是否符合要求。

（4）保持制服房的清潔衛生，對設備進行保養，發現問題及時報修，保證其正常運轉。

（5）完成經理、副經理交辦的其他工作。

（七）洗衣房主管

（1）保障部門日常運行正常，包括：客衣、制服及布草的收發、洗滌、熨燙。

（2）每日巡視，保障部門正常運作，清潔衛生合格，確保客衣、制服、布草的收發、洗滌、熨燙達到標準要求。

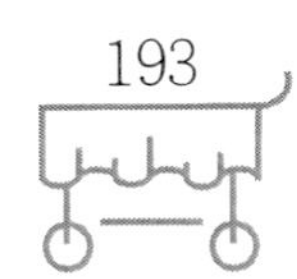

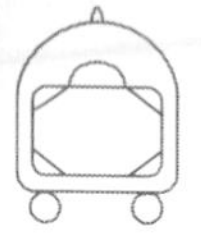

（3）檢查督導員工的工作，落實部門規章制度、勞動紀律、操作程序、服務流程和效率等。

（4）每日巡檢機械設備的合理使用及狀況，異常狀況及時彙報並跟催解決，保證機械設備的良好狀況。

（5）負責部門每月的班次安排及休假，對下屬進行考勤和工作考核評估。

（6）做好每月部門盤點和申購計劃，有效控制部門成本與費用。

（7）負責洗衣房的安全，嚴防事故發生。

（8）完成經理、副經理交辦的其他工作。

案例討論

一塊香皂和一份報紙

亨達公司的主要市場轉到了青島，以後要經常到青島出差，工作人員就和辦公地附近的一家四星級飯店簽訂了合約，得到了一個比較優惠的價格。

一日，公司業務員老王登記入住，進入房間，發現房間不大，但充滿情趣和人性，幾盆小植物把房間點綴得十分淡雅。習慣進房後馬上洗澡，但淋濕後發現沒有香皂，在廁所裡找了一圈也沒有發現，原來都換成了浴缸旁邊牆上按壓瓶裡的洗髮精和沐浴乳，洗手乳也裝在了一個精緻的皂液壺裡。但老王不習慣用沐浴乳，洗完澡後給房務中心打了個電話，詢問有無小香皂。5分鐘後服務員就送來了一塊香皂，並解釋了沒有香皂的原因。

書桌上有兩份報紙，但沒有老王每日必看的中國日報，又打了個電話給房務中心。沒想到過了不到半小時，一份中國日報就送來了，老王心裡很是感動。

次日退房，櫃台提醒：「王先生，如果您以後入住我們飯店提前預訂的話，我們會為您提前準備，提供更好的服務。」

沒過幾天，老王又要來青島，想起那天櫃台服務員的話，就打了個電話給預訂處。入住時櫃台服務員親切歡迎，很快就辦好了入住手續。進房後發現桌子上多了一份中國日報和一盤水果，廁所裡也多了一塊香皂……

問題

1.預訂後入住，客人得到了他需要的物品，這說明了飯店在哪些方面的工作做得比較細緻、周到？

2.對案例中飯店客房設備及用品配置的統一規範性和靈活針對性談談自己的看法。

本章小結

透過本章的學習，我們可以瞭解到客房部是飯店的一個重要部門，是飯店經濟收入的重要來源之一，在飯店的經營管理中起著舉足輕重的作用。飯店的設施設備的等級和質量，對飯店的服務效果起著同樣重要的作用。

思考與練習

□知識思考題

1.客房部在飯店中是怎樣的地位？

2.簡述客房的基本類型。

□能力訓練題

登錄網站或參觀考察，瞭解星級飯店的客房類型及房內設施設備等情況，並加以分析討論。

第 10 章 客房的對客服務工作

本章導讀

本章將介紹飯店賓客的類型有哪些，他們的基本要求是什麼，如何為賓客提供針對性的個人化服務，各項服務工作應該怎樣做、標準是什麼，如何才能控制好對客服務的質量等內容，使大家對客房服務有一定的認知。

重點提示

透過學習本章，你能夠達到以下目標：

瞭解飯店對客服務的質量標準

熟悉飯店優質服務的基本要求

瞭解飯店賓客的主要類型及特點

掌握如何有效地控制對客服務的質量

導入案例

借來了手機充電器

9月16日晚，客房服務員小馮聽1106客人説手機充電器在充電的過程中被燒壞了，他就讓客人把充電器拿出來，幫他拿到工程部去修。結果因充電器內部多根電線被燒斷，無法修復，小馮只能向客人說了抱歉。看到客人失望的表情，小馮心想客人的手機中斷了信號，如果有什麼商務訊息或與家人聯繫都將成為問題，就打電話到商務中心，為客人借來了相同型號的充電器，給客人送到房間。

客人很感激，一再感謝。

分析

僅僅滿足了客人提出的需求，只能讓客人滿意，只有為客人提供了超出期望之外的服務，才能為客人創造驚喜，才能給客人留下難以忘懷的記憶。在對客服務中，我們要考慮如何提供讓客人滿意甚至驚喜的服務，尤其是當客人提出了服務需求後，要考慮如何提供變被動為主動的服務。案例中服務員能夠想辦法為客人的手機充電是相當用心的。在服務過程中我們應把麻煩、把尋找問題解決辦法的思考留給自己，把方便舒適送給客人，這是我們為客人提供更優質的服務的重要前提和保障。

第一節 對客服務質量的基本要求

一、衡量對客服務質量的標準

飯店對客服務質量的高低是指以設施、設備和產品為依託，透過服務來滿足客人需要的物質和心理滿足的程度。在市場競爭條件下，飯店經營成敗的關鍵在於服務質量。客房服務是飯店服務的重要組成部分，其質量高低直接影響飯店服務形象和等級以及客房出租率。在客房服務中，衡量對客服務質量的標準主要有以下幾點。

（一）客房設備設施用品質量

包括客房家具、電器設備、廁所設備、防火防盜設施、客房用品和客房供應品的質量。這些是提供客房服務的物質基礎，其舒適完好程度如何，直接影響整個客房服務的質量。

（二）客房環境質量

主要是指客房設施設備的布局和裝飾美化和客房的採光、照明、通風、溫濕度的適宜程度等。良好的客房環境能使客人感到舒適愜意，產生美的享受。

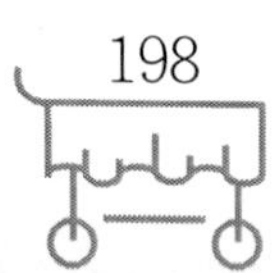

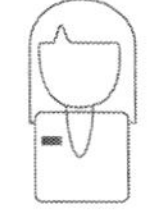

（三）服務技能質量

服務技能質量是客房部一線服務人員為客人提供的服務本身的質量。它包括服務態度、服務語言、服務的禮節禮貌、服務方法、服務技能技巧、服務效率、安全與衛生等。

這三方面中，設備設施用品質量和環境的質量是有形的，服務技能質量是無形的，卻又是客房服務質量的最終表現形式。三者的有機結合，便綜合地體現出了客房服務質量。客房管理的目的，就是促使客房服務質量得到全面提高，滿足客人物質需求和精神需求，從而創造良好的經濟效益和社會效益。

二、優質服務的基本要求

在客房服務的實際工作中，人們往往把服務理解為態度，即態度好就是服務好。其實不盡然，客房服務還有更深刻的內涵，並且與不同的服務方式有著密不可分的聯繫。

服務是飯店的形象之本，是飯店的競爭之道，也是飯店銷售的特殊商品，向客人儘可能提供盡善盡美、無可挑剔的優質服務，已經是飯店業的共識。

（一）優質服務的含義

優質服務就是真誠、高效、最大限度地滿足客人的合理、合法的正當需求。怎麼才能算是提供了優質服務呢？這並沒有一個統一的答案。在中國飯店業發展的初期，曾把標準化服務作為優質服務的標誌。但是隨著飯店業的發展和客人需求的不斷變化，僅僅提供標準化的服務是不能使形形色色的客人都滿意的。因為住客來自不同的國家和地區，其民族、宗教、風俗習慣方面有較大差異，又有年齡、性別、文化教養、職業、消費水準等區別，而標準化的服務只能滿足大多數客人表面的基本需求，不能滿足客人更深層次的個性需求。因此，客房優質服務必須是站在客人的角度，根據客人需要而隨機應變，在標準化服務的基礎上提供有針對性的個人化服務，使不同的住宿客人不僅感到物有所值，而且感到物超所值。

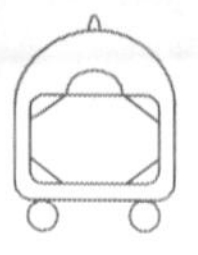

（二）個人化服務

飯店是以出售服務為特徵的經營性企業，行業的宗旨和信條是：客人的要求永遠是對的（違反法律的除外）。飯店必須滿足客人的各種合理需求，包括那些偶然的、特殊的需求，讓客人滿意，使他們成為回頭客。

個人化服務通常是指服務員以強烈的服務意識去主動接近客人，瞭解客人，設身處地地揣度客人的心理，從而有針對性地提供服務。個人化服務分為兩個層次：第一層次是被動的，是由客人提出的非規範需求；第二層次是主動的，是服務人員主動提供的有針對性的服務。如客人生病時，除可以主動幫客人聯繫醫生、提供特殊照顧外，還可以送束鮮花或一張慰問卡表示安慰和祝福。另外，熟記客人的名字並用於稱呼，與客人談話時有禮貌，使客人有一種被重視和被尊重的感覺等。總之，個人化服務的內容相當廣泛，需要飯店員工有體貼、關懷賓客之熱心，善解人意、注意觀察賓客之細心，不厭其煩、力求賓客滿意之耐心等。

要達到優質服務水準，飯店員工尤其是一線員工必須有高度的責任心，有強烈的服務意識。所謂服務意識就是：一進入工作狀態，便自然地產生一種強烈的為客人提供優質服務的慾望。處處以客人滿意為重，以飯店利益和形象為重，以自身的職業口碑為重。

第二節 對客服務的內容和程序

一、住宿飯店客人的特點及對客服務要求

飯店的客人來自五湖四海、由於他們的身分地位、職業領域、宗教信仰、文化修養、興趣愛好、生活習慣、社會背景等各不相同，為著不同的目的外出，如經商、渡假、探親、旅遊、會議等，因此對飯店的服務有不同的要求。瞭解他們的需求特點，採取有針對性的服務是客房管理者和服務人員提高對客服務質量的前提和保證。通常對客人進行如下的分類。

（一）商務、公務型客人

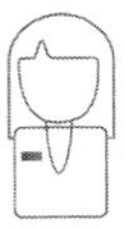

商務、公務型客人是一個高消費的群體，無論中國國內、國外都是如此。他們的需求是：對客房設施設備和服務的要求較高，生活上要舒適，工作上要方便，尤其通信設施要齊全，要保證客房安全。商務客人非常重視保持良好的個人形象，因此在服務方面首先要求有24小時的洗熨衣物服務，對美容、美髮服務也有一定的要求。商務客人講究飲食，還有約1／3人喜歡在客房用餐。對飯店娛樂健身等項目也有興趣。隨著女性商務客人的增多，女性對客房的要求更加被關注。商務客人一般有較高的文化修養，公務又繁忙，對飯店的服務方式、服務效率都很講究，並希望得到更多的尊重。

一般採用的服務方式：推薦豪華客房，選派綜合素質高、外語口語好、業務精湛的服務人員為這類客人服務，以高質高效為第一要求；儘可能為客房增添辦公設備，改善辦公條件。在排房時還要注意，敵對國家的客人或商業競爭對手最好不要安排在同一樓層。另外客人的合理需求要盡快滿足，若有郵件要儘可能快地送進房間。

許多高級飯店為這類客人開設了商務行政樓層，集中管理，提供有針對性的服務，很受客人歡迎。

（二）蜜月旅遊客人

旅行度蜜月的人越來越多，這類客人常有「一輩子就這一次，要好好風光、享受一次」的想法，所以花錢大方，有圖舒服、順心、吉利的心理需求。

服務方法：安排安靜、明亮的大床間，如有預訂，應有所準備。如客人有需求可貼紅色喜字、擺放鮮花等，對客房加以布置。適當多地介紹當地的旅遊景點、風味餐館和旅遊商店，以方便客人遊玩和購物。這類客人白天多外出，客房清掃等服務要在客人回來前儘可能做好，客人回來後要少進房打擾。

（三）修學旅遊客人

青少年修學旅遊是近年出現的新事物，以日本、韓國中學生為多，中國國內的學生目前還比較少。

服務方法：對這些客人在生活起居方面要多給予關心照顧，遇事多提醒，態

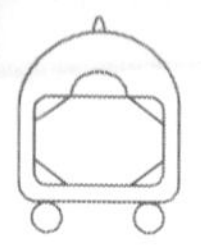

度要親切和藹。提供服務時要迅速，講話單刀直入，問清要求後立即去做，講求效率。可以多介紹圖書館、文物古蹟和自然旅遊景觀等以吸引客人。

（四）療養、渡假型客人

有些客人有慢性病，會藉旅遊機會看病或療養。這類客人在飯店逗留時間長，活動有規律，喜歡安靜，對礦泉、優美恬靜的自然風光、醫療處所和民間偏方有興趣。對住房要求特殊，如房間小而舒適，光線足，安靜，起居方便。

服務方法：儘量安排位置安靜的單人房，服務周到、細心，盡快摸清客人的生活規律。客房時時保持清潔狀態，經常作小整理，使客人心情舒暢。客人休息時不要打擾，保持樓道安靜。多介紹食療保健知識，推薦適合客人口味的飲食，或請餐廳為客人提供特殊飲食，如營養配餐等，也要為房內用餐提供方便。

（五）長住型客人

在飯店入住超過一個月的客人稱長住客，如公司、商社或常駐機構長期包租客房作為辦事機構，派有關人員長住辦公。也有的是外國公司僱員偕家屬長期居住。這類客人對客房最需要的是「家」的感覺，期望得到親切、方便、舒適的服務。

服務方法：長住客工作緊張，背井離鄉，服務員要給予理解關照。清理房間時要儘量安排在客人的非辦公時間，清掃時對於客人文件物品要特別注意保持原樣，開窗換氣時不要被風吹散，不要翻看移動位置或頁碼。對茶具、飲料、擦手巾、記事便箋等用品要專門配備，按客人要求及時送上。對於長住客在房內安放辦公設備和生活設施的要求根據飯店具體情況應儘量滿足，並且服務員在日常服務中要注意檢查安全隱患，及時彙報上級和提醒客人。有的飯店會記住長住客的生日，屆時送上鮮花、蛋糕、果籃等表示祝賀和祝福。

二、對客服務的內容和程序

對客服務的主要內容有：迎送賓客，貴賓接待、小酒吧服務、送餐服務、洗衣服務、訪客接待服務，擦鞋服務和其他服務。如何做好客房服務，是客房部經

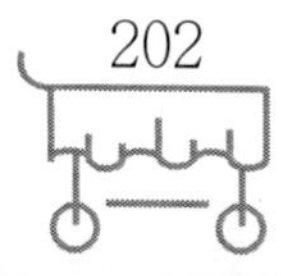

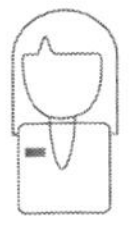

理和樓層員工需要認真研究對待的重要工作。

（一）客房樓層值台接待服務

客房樓層值台接待服務工作包括三大環節：迎客服務的準備、到達飯店的迎接服務和送客服務。

1.迎客的準備工作

客人到達前的準備工作一定要充分、周密，要求做到以下幾點：

（1）瞭解客人情況　樓層服務台接到櫃台傳來的接待通知單，特別是VIP賓客、團隊的接待通知後，應詳細瞭解客人的人數、國籍、抵離開飯店時間、宗教信仰、風俗習慣和接待單位對客人生活標準的要求、付費方式、活動日程等訊息，做到情況明確、任務清晰。

（2）布置房間 要根據客人的風俗習慣、生活特點和接待規格，調整家具設備，配備日用品，補充小冰箱的食品飲料。對客人宗教信仰方面忌諱的用品要暫時撤換，以示對客人的尊重。房間布置完，還要對室內家具、水電設備及門鎖等再進行一次全面檢查，發現有損壞失效的，要及時保修更換。

2.客人到達飯店的迎接工作

客房服務的迎接工作是在客人乘電梯上樓進房間時進行的。客人經過長途跋涉，抵達後一般比較疲憊，需要盡快妥善安頓，以便及時用膳或休息。因此，這個環節的工作必須熱情禮貌、服務迅速，分送行李準確，介紹情況簡明扼要。

（1）迎接賓客 客人步出電梯，服務員應微笑問候。無行李員引領時，服務員應幫助客人提拿行李至客房，介紹房內設施設備的使用方法。

（2）分送行李 主要指的是團體客人的行李。由於團體客人的行李常常是先於或後於客人到達飯店，因此行李的分送方式有所不同。先到的行李由行李員送到樓層，排列整齊，由樓層服務員核實件數，待客人臨近到達，再按行李標籤上的房號逐一分送。如發現行李標籤失落或房號模糊不清時，應暫時存放。待客人到來時，陪同客人認領。後到或隨客人到的行李，則由行李員負責分送到房間。

3.送客服務工作

客人離開飯店前的服務是樓層接待工作的最後一個環節。服務工作在最後環節不應有絲毫鬆懈怠慢，應該力求做得更好，給客人留下美好的最後印象。

（1）行前準備工作 服務員應掌握客人離開飯店的準確時間，檢查客人洗燙的衣物是否已送回，交辦的事是否已完成。要主動徵詢客人意見，提醒客人收拾好行李物品並仔細檢查，不要遺忘在房間。送別團體客人時，要按規定時間集中行李，放到指定地點，清點數量，並協同接待部門核實件數，以防遺漏。

（2）送別 客人離房時要送到電梯口熱情道別。對老弱病殘客人，可護送下樓至門口或上車。

（3）善後工作 客人下樓後，服務員要迅速進房檢查，主要查看有無客人遺留物品。發現遺留物品要通知櫃台轉告客人。若發現客房設備有損壞、物品有丟失的，也要立即通知櫃台收銀處請客人付帳或賠償。最後作好客人離房記錄，更新房態。有的客人因急事提前退房，委託服務員代處理未盡事宜，服務員承接後要作記錄並必須履行諾言，不能因工作忙碌而遺忘、疏忽。

（二）接待貴賓

貴賓是指有較高身分地位或因各種原因對飯店有較大影響力的客人，在接待中會得到較高禮遇。

1.貴賓範圍

各飯店對於貴賓範圍規定不一，大致包括：

（1）知名度很高的政界要人、外交家、藝術家、學者、經濟界人士、影視明星、社會名流等；

（2）對飯店的業務發展有極大幫助，或者可能給飯店帶來業務者；

（3）本飯店系統的高級職員；

（4）飯店董事會高級成員；

（5）其他飯店的高級負責人。

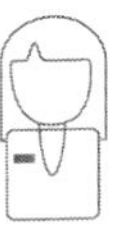

對貴賓的接待，從客房布置、禮品的提供，到客房服務的規格內容，一般都要高出普通客人，使其感到飯店對其確實特別尊重和關照。

2.貴賓服務

客房部接待貴賓要提前作好充分準備：

（1）接到貴賓接待通知書後，一般要選派經驗豐富的優秀服務員將房間徹底清掃，按規格配備好各種物品，並在客房內擺放有總經理簽名的歡迎信、名片；擺放飯店的贈品，如工藝品、紀念品、鮮花、果籃等；

（2）房間要由客房部經理或主管嚴格檢查，然後由大廳副理最後檢查認可；

（3）貴賓在飯店有關人員陪同下抵達樓層時，客房部經理或主管、服務員要在樓梯口迎接問候。貴賓享有在房間登記的特權，由櫃台負責辦理。貴賓住宿飯店期間，服務員應特別注意房間衛生，增加清掃次數。對特別重要的貴賓，要提供專人服務，隨叫隨到，保持高標準的服務。

（三）客房小酒吧服務

為方便客人，一般飯店都會在客房裡設置一個冰箱，一些高級的飯店還會在客房內設置小型酒吧台，以便向客人提供酒水、飲料及一些簡單的食品，供客人自行取用。收費單放在櫃面，一式三聯，上面註明各項酒水、飲料、食品等的儲存數量和單價，由客人自行填寫消耗數量並簽名。

服務員每天上午清點冰箱內飲料食品的耗用量，與收費單核對，如客人未填寫，則由服務員代填，核對無誤後，交客房服務中心。單據的第一、第二聯轉給客務收銀處，費用記入客人帳單。第三聯由領班統計，填寫樓層飲料日報表，作為到食品倉庫領取補充品的依據。

1.離開飯店房的酒水檢查

（1）接到客人離開飯店通知後，迅速進房巡視，檢查離開飯店客人酒水、飲料消耗情況。認真、細緻、準確地把帳單記錄清楚，轉交客房領班報前台收銀

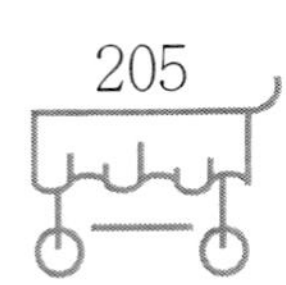

處。這項工作要快速、準確，於客人結帳前完成。

（2）不要因酒水檢查不及時造成客人跑帳現象。

2.住客房的酒水檢查與補充

（1）客人住宿飯店期間，每次查房後，服務員要按時到樓層領取需要補充的酒水、飲料等。

（2）酒單上客人所用酒水、飲料、小吃的數量、種類及客人姓名、房號、檢查時間與檢查人簽名等要填寫準確，及時將酒單報客房領班轉交前台收銀處掛帳。

（3）每日製作的客房酒水銷售報告要明確，帳目要清楚。

（4）樓層酒水飲料的領取、發放，要有健全的管理制度、規範的領取程序和手續。

3.提供客房酒吧服務操作程序

在提供客房酒吧服務時，客房服務員應遵循以下操作程序：

（1）先檢查客人是否用過小酒吧，如果用過，應核對客人是否已填寫清單，如果沒有填寫，應幫助客人填寫；如果客人填寫有出入，應向客人說明、澄清並進行更正。

（2）檢查過的小酒吧的飲料和食品，要及時進行補充，在補充時，要注意檢查飲料和食品的有效期。

（四）會客服務

會客服務是指客房服務員為住宿飯店客人在房內接待朋友、洽談生意等活動所提供的周到、細緻的服務。

1.會客服務的程序

（1）做好會客前的準備工作。問清客人來訪人數（以便加椅）、時間，是否準備飲料和鮮花，有無特別服務要求等。在客人來訪前約半小時作好所有準

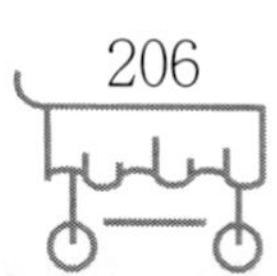

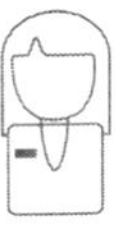

備。

（2）客人到來時，協助住宿飯店賓客將來訪者引入客人房間。

（3）會客服務期間安排專人負責送水或送飲料，及時續水或添加飲料。

（4）會客結束後，主動為客人撤椅，提醒來訪客人不要忘記攜帶自己的物品。同時，開窗通風，迅速將住宿飯店客人的房間整理乾淨、整齊。

（5）填寫會客服務登記表。

2.會客服務應注意的事項

（1）在沒有徵得住宿飯店賓客同意的情況下，不得將住宿飯店賓客的姓名、房號告知訪客。

（2）不經住宿飯店賓客同意，不得將訪客引進客房。

（3）如果住宿飯店賓客不在房間內，可請來訪者到大廳等候，服務員不得為訪客開門。

（4）如果訪客需要留宿，應提醒其到前台辦理住宿登記手續。

（五）送餐服務

為滿足住客在房內用餐的需求，一般星級飯店會向客人提供房內送餐服務。

1.客房送餐服務要點

（1）早餐

①客人訂早餐。客房應配備「客房用餐點菜單」，列出主要供應品種，供客人挑選。

②問清客人需求和時間。客人不管是向客房服務員訂餐還是透過電話向餐飲部訂餐，都要問清客人房號，需要什麼食物、菜品或飲料，烹飪製作上有何要求等。避免同一食品因烹製方式不同而引起客人不滿。

③按照客人要求的用餐時間，提前作好準備。如客人所需的菜點較少時，可用托盤；食物較多時，用餐車推送。如同一樓層有幾位客人同時用早餐，就要準

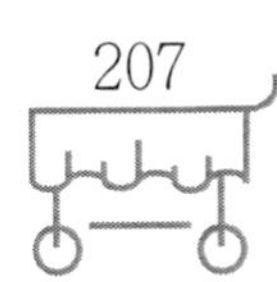

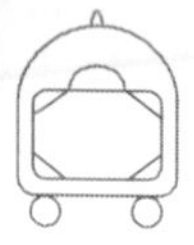

備好餐車和各種餐具，如咖啡壺、杯、刀叉、調味品等。

④廚房準備好食品、飲料後，服務員用托盤或餐車將客人的食品裝好，記下食品價格和客人的樓層及房號。如果有幾位客人同時在房間用餐，裝車時一定要分開裝，同時加蓋，注意保溫。

⑤早餐送到房間，敲門或按門鈴，同時說明「送餐服務」。經客人允許後方可進入房間。

⑥進房後徵詢客人意見：「先生／女士，您的早餐已經準備好，請問您想在房間什麼地方用早餐？」然後迅速按客人要求將餐桌布置好，並進行必要的服務。

⑦將帳單夾雙手遞給客人，請客人簽單或付現金，並向客人致謝。

⑧詢問客人收取餐具時間，祝客人用餐愉快，禮貌地退出房間，將房門輕輕關上。

⑨返回客房送餐部後，送餐員要將簽好的帳單或現金送到收銀台。

⑩在送餐日記簿上記錄送餐時間、返回時間、收取餐具時間。

（2）正餐

正餐服務程序同早餐服務基本相同，但需要注意：

①客人在房間用正餐，如果是全餐服務的話，需提前1小時～2小時訂餐。服務員需提前瞭解客人所訂的食品和飲料；開餐前準備好餐具、餐巾，用餐車連同第一道菜湯及麵包送到房間。這時要做好擺台服務，根據用餐人數擺台。

②客人用餐時服務員要退出房間，未經客人允許不得入內。1小時～1.5小時後，再來查看。若客人要求提供桌面服務，服務員可留下並按照餐廳服務方法提供服務。

③客人用餐1小時～1.5小時，送上點心、水果或冰淇淋。食品和飲料的品種數量都根據客人訂餐而定。

④最後給客人送咖啡或茶。過20分鐘左右，服務員到客房收拾餐桌，同時

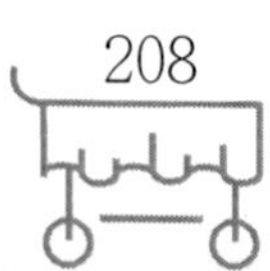

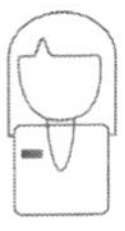

整理房間，保持房間清潔整齊。

⑤正餐服務後的帳單，一般在收拾整理房間時徵求客人意見，然後出示帳單請客人過目付款或簽字，並禮貌向客人表示感謝。帳單和帳款要及時送到餐廳的收款處。

2.客房送餐服務注意事項

（1）接到客人送餐服務訊息時，要準確、快速記錄客人要求，並準確複述客人姓名、食品名稱、數量及特殊要求。

（2）送餐員要熟記菜單的內容，以便向客人介紹並對客人提出的疑問作出回答。

（3）送餐員收取餐具時應注意衛生並及時檢查缺損，無法找回的餐具要呈報，及時把餐具送到洗碗間洗滌、消毒。

（4）送餐服務中要注意衛生和保溫。冷菜加保鮮膜罩住，熱菜應有保溫裝置。送餐1小時後仍未接到客人收餐具的電話，需打電話詢問。收餐具時要徵求客人對用餐服務的意見。收放餐具時要注意清點，不要與客房用品混淆。

（六）擦鞋服務

1.擦鞋服務的程序

（1）客房內均放置標有房號的鞋籃，客人將要擦的鞋放在鞋籃內，或電話通知，或放在房內顯眼處，服務員接到電話或在房內看到後應及時收取。

（2）將鞋籃放到工作間待擦。

（3）在地上鋪上布或廢報紙，備好鞋色相同的鞋油和其他擦鞋工具。

（4）按規定擦鞋，要擦淨、擦亮。

（5）將擦好的鞋送入到房內，放在飯店規定的地方。

2.擦鞋服務中的注意事項

（1）要避免將鞋送錯房間。

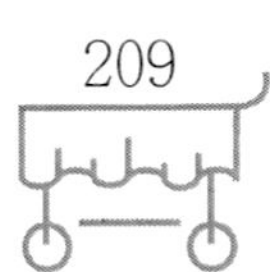

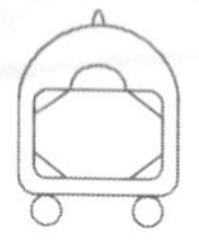

（2）鞋底和鞋口邊沿要擦淨，不能有鞋油，以免弄髒地毯和客人的襪子。

（3）客人通常是急於用鞋，所以要盡快提供服務，並及時將鞋送回。

（4）如果鞋有損壞無法處理，提示客人送修鞋匠處理。

（七）護嬰服務

為了方便攜帶小孩的客人，不因孩子無人照看而影響外出或其他活動，飯店客房部為客人提供嬰幼兒託管服務，並收取服務費。飯店並不配備專職人員從事此項服務，而是向社會服務機構代雇臨時保育員，或是由客房部女服務員利用業餘時間照管。護嬰服務應注意以下幾點：

（1）照看者必須有責任心、可靠，並有一定的育兒知識和經驗。

（2）客人提出護嬰服務申請時，服務員應向客人瞭解清楚照看的時間，小孩的年齡、特點及家長的要求。

（3）照看孩子時，不得隨便給小孩吃食物、喝飲料，要按客人要求照看小孩。

（4）在飯店或客人所規定的區域內照看小孩。

（5）不得隨意將小孩委託他人看管。

（6）在照看期間若小孩患突發性疾病，應及時請示領班或主管，以得到妥善處理。

（八）借用物品服務

客人在住宿飯店期間，有時會因為某種特殊需要而向客房部借用某些物品，如吹風機、熨斗、燙衣板、冷熱水袋、體溫計等，客房部應滿足客人正當要求，提供借用物品服務。

當客人電話要求或向服務員提出借用物品要求時，服務員應立即詢問客人借用物品的名稱及借用的時間，並將物品送到客人房間，請客人在租借物品登記表上簽名，客人歸還物品時也要作好詳細記錄。

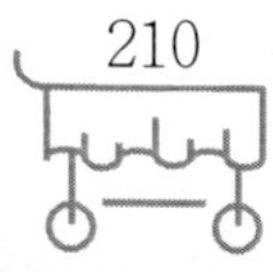

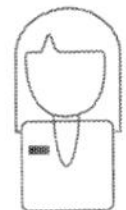

提供借用物品服務時應注意：對電器用品，客人借用時應提醒注意用電安全。借出時要提醒客人及時歸還，以保證用品的流通。如果客人借用的物品極貴重，可讓客人交一定數量的押金，然後再提供給客人。如客人造成損壞或遺失，要照價賠償。

（九）洗衣服務

客人在飯店住宿期間，一般會需要飯店提供洗衣服務，尤其是商務客人和因公長住飯店的客人。

1.服務內容

洗衣服務分為水洗、乾洗、熨燙三種。時間上分正常洗和快洗兩種。正常洗多為上午交洗，晚上送回；如下午交洗，則次日送回。快洗不超過4小時便可送回，但要加收50%的急件費。

2.服務方法

最常見的送洗方式是客人將要洗的衣物和填好的洗衣單放進洗衣袋，留在床上或掛在門把手上，也有客人嫌麻煩請服務員代填，但要由客人過目簽名。洗衣單一式三聯，一聯留在樓面，另兩聯隨衣物送到洗衣房。為了防止洗滌和遞送過程中出差錯，有的飯店規定，客人未填洗衣單的不予送洗，並在洗衣單上醒目註明。送洗客衣工作通常由樓層值班服務員承擔。

送回洗衣也有不同方式，或由洗衣房收發員送進客房，或僅送到該樓層，由值班服務員送入客房並放置在床上，讓客人知道送洗的衣物已送回，並可以檢查衣物是否受損。

3.注意事項

客人送洗衣物，飯店應當要求客人在洗衣單上註明洗滌種類及要求，並應當檢查衣物有無破損。客人如有特殊要求或者飯店員工發現衣物破損的，雙方應當事先確認並在洗衣單上註明。客人事先沒有提出特殊要求，飯店按照常規進行洗滌，造成衣物損壞的，飯店不承擔賠償責任。客人的衣物在洗滌後發現破損等問題，而飯店無法證明該衣物是在洗滌以前破損的，飯店承擔相應責任。按國際慣

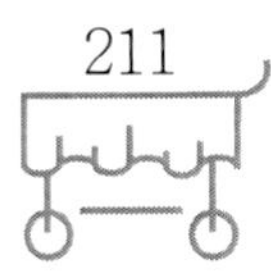

例，由於飯店方面原因造成衣物缺損，賠償金額一般以洗滌費用的10倍為限。但中國由於洗滌費用較便宜，按10倍賠償，客人也不滿意。所以要求經手員工認真負責，儘可能不要出現差錯，避免給飯店造成經濟損失和名譽影響。

案例討論

洗衣事件

這一天小董上晚班。在交接班的時候，小董很認真地看過換班本，清楚地記得早班服務員沒有口頭上要求小董跟進什麼事情。小董接班後不久，早班服務員便下班了，這時衛生班服務員突然提著一袋衣服來到工作間對小董說：「我在1606房看到這袋衣服，所以拿出來給你，你看怎麼辦吧？」小董接過這袋衣服心裡想：這可能是客人要求明天洗的衣服吧，可是現在才15：30，客人怎麼會這麼早就換了衣服要洗呢？小董想這其中一定有問題：可能早班服務員沒進過這間房檢查，也沒有看過這間房有沒有要洗的衣服。（按照飯店的規定：早班服務員必須在10：30前把本樓層要洗的衣服收齊後送去洗滌部；如果客人在10：30至13：00要求洗衣服的話要加收50%的服務費，13：30 至16：00 要求洗衣服的客人則收取100%的加急洗衣費。假若是早班服務員沒有在規定的時間裡收齊客人要洗的衣服，那就由早班服務員負責墊付全部的加急費用。）小董立刻去查看早班服務員的工作登記記錄，從記錄上得知早班服務員在8：00左右進過1606房間並按要求做了早班必做的工作……這可讓小董為難了，因為這可能有三種情況：一是客人在8：00至10：00留下要洗的衣服就出去了；二是客人中午留下衣服要加急洗衣；三是客人下午留下衣服加急洗衣。這三種情況的處理方法各不相同，導致了小董不知如何是好。於是小董決定把這件事告訴領班和主管問他們如何處理。領班和主管都說等客人回來後問客人是否要加急洗還是明天再洗。上級下達命令就要執行，於是小董只有等客人歸來。期間小董密切注意1606房客人是否回來，也曾經3次去檢查客人回房間了否。一直到了晚上22：30仍不見客人回來，也不見上級對這件事有下一步的指示，而小董要下班了。於是小董就理所當然地認為這個客人沒有打算今天洗衣服，要不然早班服務員換班時不可能沒有看到洗衣袋裝的衣服，於是小董就把客人的衣服放回客人的房間裡，下班後也沒

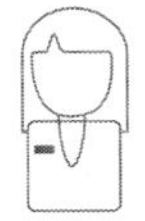

有交代夜班跟進此事。

第二天便聽聞，凌晨0：30時1606房間客人回來後看到自己的衣服還在房間裡，就大發雷霆，向大廳副理、總經理投訴說：「我早上換的衣服沒有被拿去洗也就算了，可你們的員工還把我的衣服從這個角落移到那個角落了，你們飯店的服務品質太差了。」

問題

1.在本案例中，小董有什麼做得不妥當的地方嗎？

2.你認為服務員應如何做好交接班工作？

3.透過這個案例，你在實際工作中若碰到類似的情況應該怎麼辦？

本章小結

要為賓客提供優質的客房服務，首先，要對賓客的類型和特點進行分析，瞭解客人對客服務的要求；其次，掌握各項對客服務的規範和要點；最後，加強對客服務質量的控制。站在客人角度，瞭解客人需求，並提供針對性的個人化強的優質服務是服務工作的關鍵。

思考與練習

□知識思考題

1.客房服務質量內容有哪些？

2.如何理解客房優質服務的含義？

3.什麼是個人化服務？為什麼要倡導個人化服務？

4.討論洗衣服務的注意事項。

□能力訓練題

1.情景模擬練習迎送賓客服務。

2.情景模擬練習送餐服務。

3.情景模擬練習會客服務。

第 11 章 客房的清掃工作

本章導讀

客房的清掃工作是客房部的主要工作。清掃工作做得好壞直接影響客人對飯店產品的滿意程度，進而影響飯店的形象、氣氛和經濟效益，因此，客房部必須採取有效措施控制清掃工作的質量。

重點提示

透過學習本章，你能夠達到以下目標：

熟悉客房清掃前的準備工作

熟悉客房清掃工作的內容和注意事項

掌握客房清掃的基本方法和各種客房的清掃程序

掌握客房清潔衛生品質控制的方法和標準

導入案例

遺失的金手鏈

某飯店的一位客人打電話給客房服務中心，說她放在枕頭底下的金手鏈不見了，要求飯店在她第二天離開飯店前把金手鏈找回來，否則要求給予賠償。

飯店接到投訴後，立即調查。經分析，很可能是服務員在清掃房間時疏忽大意，將金手鏈夾在了撤走的床單中。於是馬上與洗衣房聯繫，並派人到洗衣房與洗衣房員工一起在撤下來的床單中翻找。最後終於找到了金手鏈，送還給了客

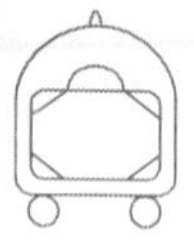

人，挽回了飯店的經濟損失和聲譽。

分析

服務員在清理客房時，必須按照嚴格的操作規程和程序進行，要有良好的職業素養和高度的工作責任心。撤床單時要特別注意，一定要一張一張地撤，而且要抖動一下，避免夾帶客人的物品。另外，在清掃住客房時，客人的物品只能稍加整理，不要隨意挪動位置，更不能自作主張隨意扔掉。

第一節 客房清掃的準備

清掃工作是客房部的主要任務之一。同時，它也是飯店一切工作的基礎和前提。清掃服務與管理工作的好壞直接影響著飯店的形象、氣氛乃至經濟效益。因此，客房部必須運用一些必要的方法來有效地管理和控制這項工作。

客房是客人在飯店逗留時間最長的地方，也是其真正擁有的空間，因而他們對於客房的要求也往往比較高。客人需要在客房休息、盥洗、閱讀、書寫、見面會談等。市場調查統計表明，客人選擇飯店一般會要考慮各種因素，而考慮的這些因素對不同類型、不同層次的客人來講是不盡相同的，但是對客房清潔衛生的要求較高卻是基本一致的。美國康乃爾大學飯店管理學院的學生曾花了一年的時間，調查了3萬名顧客，其中60%的人把清潔、整齊作為飯店服務的「第一要求」。美國拉斯維加斯MGM大飯店的一位客房部經理曾經說過：「客房是飯店的心臟。除非客房的裝修完好、空氣新鮮、家具一塵不染，否則你將無法讓客人再次光顧。」因此，做好客房的清潔整理，保證客房清潔衛生、舒適典雅、用品齊全是客房部的一項重要任務。

一、客房清掃前的準備工作

為了保證客房清潔整理的質量，提高工作效率，必須做好客房清潔整理前的準備工作。

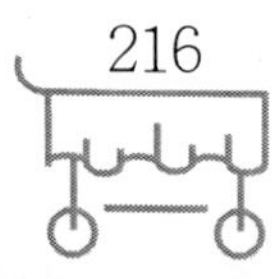

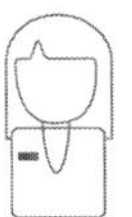

（一）簽領客房鑰匙

客房服務員在上工前，換好工裝，到客房規定的地方簽到，參加班前會，接受任務。下達工作任務後，每位服務員明確自己的工作樓層、客房號、當日客情、房態以及特殊要求或特殊任務等。然後，客房服務員領取工作鑰匙。領取工作鑰匙時，必須履行簽字手續，填寫「鑰匙收發登記表」（如表11-1）。服務員領取鑰匙後必須隨身攜帶，然後盡快到達自己的工作崗位並立即進入工作狀態。

表11-1 鑰匙收發登記表

鑰匙號碼	領取時間				領用人簽名	發放人簽名	歸還時間				歸還人簽名	收件人簽名
	月	日	時	分			月	日	時	分		

（二）瞭解房間狀態

服務員在開始清掃整理前，須瞭解核實客房狀況，其目的是確定房間清掃的程度和清掃順序。對不同狀態客房的清掃要求如下：

（1）簡單清掃的客房：已清掃過，但目前未住客人的房間。

（2）一般清掃的客房：住客房（其中包括長住客人的客房）。

（3）徹底清掃的客房：離客房。長住房客人如果處於休假日，也給予徹底的清掃。

（三）確定清掃順序

客房服務員在瞭解了自己所要清掃的房間的使用狀態後，應根據急緩先後、客人情況或是領班的特別交代，決定當天客房的清掃順序。一般情況下，客房的清掃順序為：①VIP客房；②櫃台通知迅速打掃的房間；③有「請即打掃」標誌的客房；④住客房；⑤離客房；⑥空房。

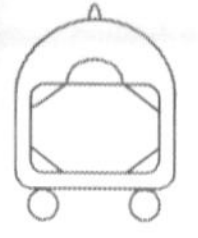

合理安排清掃順序，其目的在於既滿足客人的用房需求，又考慮加速客房出租的周轉。因此，以上清掃順序不是一成不變的，如遇特殊情況可作靈活變動，如在旅遊旺季，客房較為緊張時，可先打掃走客房，使其盡快轉化為可出租房而重新出租，緩解房源緊張狀況，滿足客人的住宿需求。

VIP房的清掃應在接到通知或客人外出離開房間後，第一時間打掃。「請勿打擾」房一般應在客人取消標誌後再打掃，如果客人在飯店規定的時間內「請勿打擾」的標誌未取消，應按有關規定和程序進行處理。長住房則應徵求客人的意見，協調商量後，定時打掃。

（四）準備工作車、清潔工具

客房工作車是客房服務員整理、清掃房間的主要工具。準備工作車，就是將其內外擦拭整理乾淨，然後將乾淨的垃圾袋和布草袋掛在掛鉤上，再按飯店的規定，根據一個班次的工作量所需供應品、備品數量布置工作車。

檢查吸塵器，準備各種抹布和刷洗廁所所用的清潔劑、馬桶刷、浴缸刷。

工作車和清潔工具的準備工作，一般要求在頭天下班前做好，但第二天進房前，還須作一次檢查。

客房服務員在做好上述準備工作後，應檢查自己的儀容儀表，然後將客房工作車推到自己負責清掃的區域，並按飯店規定停放，以免影響客人行走，吸塵器也推出放好，注意吸塵器的電源線要歸整好。

二、客房清潔衛生品質標準

客房清潔保養工作總體要求是體現飯店及客房的等級和服務的規格，滿足客人的生存、享受以及發展的要求。具體的標準根據內容及要求可分為三大類，即感官標準、生化標準和微小氣候標準。

（一）感官標準

指飯店員工及客人透過視覺等感覺器官能直接感受到的標準。這方面的內容

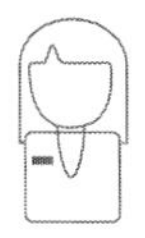

主要包括：客房看起來要清潔整齊；用手擦拭要一塵不染；嗅起來要氣味清新；聽起來要無噪音汙染。當然，客人與員工、員工與員工之間的感官標準不可能完全一致，要掌握好此標準，只能多瞭解客人的要求，並多站在客人的角度審視、考量其滿意度，總結出規律性的標準。

（二）生化標準

生化標準與感官標準不同，它所包括的內容通常是不能被人的感覺器官直接感知的，需要利用某些專門的儀器設備和技術手段才能測試和評價，一般由衛生防疫部門來實施。生化標準的核心要求是客房內的微生物指標不得超過規定要求。

（三）微小氣候標準

客房微小氣候標準要求客房內的溫度、濕度、採光照明、噪音及風速等，根據天氣、季節的變化，能符合人體的最佳適宜度。

第二節 客房的日常清掃

一、客房清掃的內容

客房日常清掃是指為保證客房基本的經營水準而進行的日常清潔整理工作，主要包括以下內容。

（一）各類客房的清潔整理

飯店各類客房通常每天均需進行例行的清掃整理，以保證客房清潔、整齊，為客人提供一個舒適的居住場所。

（二）房間用品的補充

客房服務員清掃整理客房時須按規定補充客人已消耗的物品，以滿足客人對日常客用物品的需求。

（三）客房設備用品的檢查

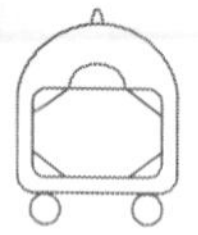

清掃整理客房時，客房服務員應檢查客房設備用品，以保證客房設備用品的完好，提高客人對客房產品的滿意程度。

（四）客房的殺菌消毒

殺菌消毒是飯店清潔衛生的重要內容，定期對客房進行殺菌消毒，保證房間符合衛生標準，防止傳染病的發生和傳播。

（五）晚間房間整理

通常，星級較高的飯店為顧客提供做夜床服務，其目的是體現飯店客房服務的規格，方便客人，為客人創造一個恬靜幽雅舒適的休息環境。

二、走客房和住客房的清掃程序

（一）按進房規範開門進房

客房服務員進入客房前必須先敲門，應用中指或食指清晰地在門上敲三下，然後報稱客房服務員，3秒～5秒後若房內無反應，則第二次敲門，通報後，靜候房內反應。3秒～5秒後仍無動靜，可將鑰匙插在門鎖內輕輕轉動，用另一隻手按住門鎖手柄，再敲門，通報靜候，如房內仍無動靜，將門打開。敲門嚴禁用手拍門或用鑰匙敲門，絕不允許只敲一次門就開門進入客房。如果客人在房間，要立即禮貌地向客人講明身分，徵詢是否可以進房清掃。如進房後發現客人在廁所，或正在睡覺、正在更衣等，應立即道歉，退出房間，並關好房門。須注意：敲門時不得從門縫或窺鏡向內窺視，不得耳貼房門傾聽。

進房後將門開直，拉開窗簾，開大空調，並關掉開著的燈，掛上「正在清掃」牌。如房間有氣味，要打開窗通風或噴灑適量空氣清新劑。

整個清掃過程中，房門必須始終敞開，清掃一間開啟一間，不得同時打開幾個房間，以免客人物品丟失或被盜。

（二）清理垃圾雜物，撤走用過的用品

將房內的紙屑、雜物、果皮等收集到垃圾桶內，將菸灰缸裡菸頭倒入垃圾桶

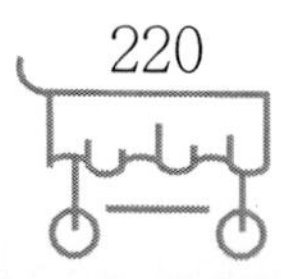

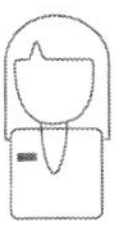

內，應注意菸頭是否熄滅。將垃圾袋取出放入工作車裝垃圾的大袋裡。撤出客人用過的餐具、茶具、冷水具等，房內的茶具、冷水具應清洗、消毒或替換，以求衛生。

若客人用過棉被，將棉被折疊整齊，放於電視櫃內或壁櫥內。撤出床上布件，並及時放進工作車布件袋內。

清理住客房時要注意：不經客人同意，不得私自將客人的剩餘食品、酒水飲料及其他不能確定為垃圾的用品撤出房間。撤床單時要抖動一下以確定未夾帶衣物等。床上有客人衣物時，要整理好掛在壁櫥或合適的位置。客人的文件、雜誌、書報等稍加整理，並放回原來的位置，但不得翻看。儘量不觸動客人的物品，更不要隨意觸摸客人的照相機、計算器、筆記本和錢包之類的物品。

（三）做床

這裡分別介紹兩種做床方法，一種是西式做床，一種是中式做床。

1.西式做床

（1）將床拉離床頭板

①彎腰下蹲，雙手將床架稍抬高，然後慢慢拉出。

②將床拉離床頭板約50公分。

③注意將床墊拉正對齊。

（2）墊單（第一張床單）

①抖單：用手抓住床單的一頭，右手將床單的另一頭拋向床面，並提住床單的邊緣順勢向右抖開床單。

②甩單：將抖開的床單拋向床頭位置，將床尾方向的床單打開使床單的正面朝上，中線居中。

③手心向下，抓住床單的一邊，兩手相距80公分～100公分。

④將床單提起，使空氣進到床尾部位，並將床單鼓起。

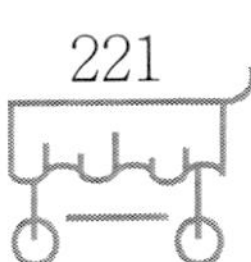

⑤在離床面約70公分高度時，身體稍向前傾，用力拉下去。

⑥當空氣將床單尾部推開的時候，利用時機順勢調整，將床單尾方向拉正，使床單準確地降落在床墊的正確位置上。

⑦墊單必須一次性到位，兩邊下垂長度需均勻。

（3）鋪襯單（第二張床單）

①襯單與鋪墊單的方法基本相同，鋪好的襯單反面朝上，中縫與墊單對齊。

②甩單必須一次性到位，兩邊下垂長度需均勻。

（4）鋪毛毯

①將毛毯甩開平鋪在襯單上。

②使毛毯上端與床墊保持5公分的距離。

③毛毯商標朝上，並落在床尾位置，床兩邊下垂長度需均勻。

④毛毯同樣一次性到位。

（5）包角邊

①將長出床墊部分的襯單翻起蓋住毛毯（單折）60公分或是30公分。

②從床頭做起，依次將襯單，毛毯一起塞進床墊和床架之間，床尾兩角包成90° 直角。

③塞進包角動作幅度不能太大，勿將床墊移位。

④邊角要緊而平，床面整齊、平坦、美觀。

（6）放床罩

①在床尾位置將折疊好的床罩放在床上，注意對齊兩角。

②將多餘的床罩反折後在床頭待枕頭整理好後，疊壓出清晰的枕線。

（7）枕頭

①兩手抓住袋口，邊提邊抖動，使枕芯全部進入枕袋裡面。

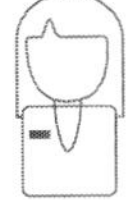

②將超出枕芯部分的枕袋塞進枕芯裡，把袋口封好。

③枕套口與床頭櫃的方向相反。

④套好的枕頭必須四角飽滿、平整，且枕芯不外露。

⑤兩個枕頭放置床居中位置。

⑥下面的枕頭應壓住床罩的15公分，並進行枕線處理。

（8）將床復位

彎腰將做好的床慢慢推進床頭下，注意勿用力過猛。

2.中式做床

（1）將床拉離床頭板

①彎腰下蹲，雙手將床架稍抬高，然後慢慢拉出。

②將床拉離床頭板約50公分。

③注意將床墊拉正對齊。

（2）鋪墊單（第一張單）

①抖單：用手抓住床單的一頭，右手將床單的另一頭拋向床面，並提住床單的邊緣順勢向右抖開床單。

②甩單：將抖開的床單拋向床頭位置。將床尾方向的床單打開使床單的正面朝上中線居中。手心向下抓住床單的一邊，兩手相距約80公分～100公分。將床單提起，使空氣進到床尾部位，並將床單鼓起，在離床面約70公分高度時，身體稍向前傾，用力壓下去。當空氣將床單尾部推開的時候，利用時機順勢調整，將床單往床尾方向拉正，使床單準確地降落在床墊的正確位置上。

③包角：包角從床尾做起，先將床尾下垂部分的床單塞進床墊下面，包右角，左手將右側下垂的床單拉起折角，右手將右角部分單塞入床墊下面，然後左手將折角往下垂拉緊包成直角，同時右手將包角下垂的床單塞入床墊下面。包左角方法與右角相同，但左右手的動作相反。床尾兩角與床頭兩角包法相同。

（3）裝被套

①把被縟兩角塞進被套兩角並繫好帶固定。雙手抖動使被縟均勻地裝進被套中。再把外面兩角繫好帶固定，並繫好被套口。

②被套正面朝上，套口向內並位於床尾。平鋪於床上，床頭部分與床頭齊，四周下垂的尺度相同，表面要平整。

③把床頭部分的被套翻至30公分處。

（4）套枕套

與西式鋪床的套法相同。

（5）放枕頭

①兩個枕頭放置居中。

②放好的枕頭距床兩側距離均勻。

（6）將床復位

彎腰將做好的床慢慢推進床板下，要注意勿用力過猛。

（7）外觀

看一看床鋪得是否整齊美觀，對做得不夠的地方進行最後整理，務必使整張床面挺拔美觀。

（8）總體印象

操作動作要做到快、巧、準、穩。

3.中西式鋪床的優缺點

近來，中式鋪床悄然興起，以其簡潔、方便、衛生而受到飯店及客人的喜愛。中、西式鋪床法都有各自的優點和缺點。

（1）優點與缺點比較

西式鋪床，用床單加毛毯在床墊上包邊包角，再加蓋床罩的一種鋪床方式。

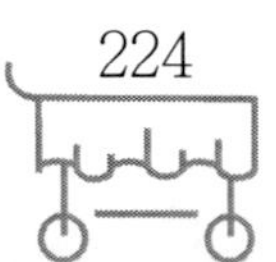

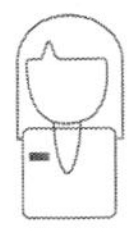

線條突出，造型規範，平整美觀。然而，西式鋪床也存在著不足：一是不方便，由於床單和毛毯包邊包角後緊壓在床墊下，睡覺時要費勁將床單拉出來，用腳使勁蹬，才能鑽進去，給客人帶來了不必要的麻煩；二是毛毯和床罩不能經常洗，容易沾染灰垢和細菌。

中式鋪床取消了床單和毛毯包邊包角的方法，將套好棉芯的被套直接鋪在床上，客人把被子一掀，就可以入睡，很方便。由於被套是一客一換洗，也很衛生。但中式鋪床也有不足，主要是沒有包邊包角造型，床面不如西式鋪床平整美觀。

（2）成本比較

床上用品費用比較（按三星級飯店配置）：

中式鋪床所需用品一套，含床單1條、被套1條、被芯1個、枕套2個和枕芯2個，合計約300元。西式鋪床所需用品一套，含床單2條、枕套2個、枕芯2個、毛毯1條和床罩1個，合計約800元。可以看出，中式比西式要節省將近1／3。

（3）人工費用比較

按行業定額標準，一個服務員做西式鋪床應做13間房左右。中式鋪床，則可達到15間左右，提高工效15%。如按300間客房計算，做西式鋪床需要23人，做中式鋪床只需要20人，節約用工3人。

（四）抹塵、檢查設施設備

要按順時針或逆時針方向，循環抹塵，從上到下，先濕後乾，凡伸手可及的地方都要擦到。邊抹塵邊檢查房間的設施設備完好情況。

具體做法簡述如下：按順序使用抹布擦拭門框、壁櫥、桌面、鏡子、燈具、椅子、茶几、床板等家具用品，達到清潔無異物。並邊檢查擦拭經過的設備、物品，打開所有照明燈具，檢查是否完好有效；檢查和調節空調到適當溫度；門、窗、窗簾、牆面、地毯、電視、電話及各種家具等是否完好，如有損傷，及時報告領班報修，並作好記錄。另外若發現有客人的遺留物品，應立即上報並作好記錄。已消費的酒水，填寫酒水單，遞送前台收銀處並報告領班。

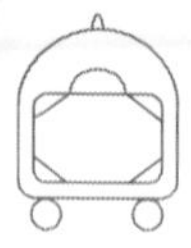

（五）清洗廁所

廁所是客人最容易挑剔的地方，因為廁所是否清潔美觀，是否符合規定的衛生標準，直接關係到客人的身體健康，所以廁所清洗工作也是客房清掃服務的重點。

（1）進入浴室，撤出客人用過的肥皂、沐浴乳、洗髮精及其他雜物。清理紙簍。用清潔劑全面噴一次「三缸」（浴缸、洗臉盆、馬桶）。

（2）用毛球刷擦洗臉盆、雲石檯面和浴缸上的瓷片，然後用花灑放水沖洗。用專用的毛刷洗刷馬桶。

（3）用抹布擦洗「三缸」及鏡面、浴簾。馬桶要用專用抹布擦洗，注意兩塊蓋板及底座的衛生，完後加封「已消毒」的紙條。

（4）用乾布抹乾淨廁所的水漬，要求除馬桶水箱蓄水外，所有物體表面都應是乾燥的，不銹鋼器具應光亮無痕跡，同時默記廁所需補充的物品。

清洗廁所時必須注意不同面層使用不同的清潔工具、不同的清潔劑。清潔後的廁所必須做到整潔、乾淨、乾燥、無異味、無髒跡、無毛髮、無皂跡和水跡。

（六）補充客用物品

補充房間和廁所內的配備物品，要按規定的位置、規格擺放好。

（七）吸塵

用吸塵器從裡往外，吸淨地毯灰塵。不要忽略床、桌、椅下和四周邊角，並注意不要碰壞牆面及房內設備。

（八）檢查並觀察

（1）服務員應環顧一下房間、廁所是否乾淨，家具用具是否擺放整齊，清潔用品是否遺留在房間等。檢查完畢，要把空調撥到適當的位置。

（2）關好總電開關，鎖好門，取下「正在清掃」牌。若客人在房間，要禮貌地向客人表示致謝，然後退出房間，輕輕將房門關上。

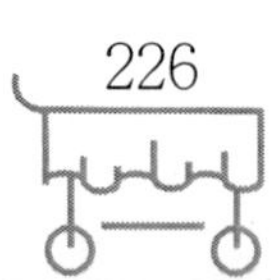

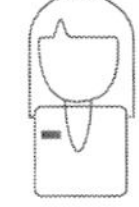

（九）登記

填寫「樓層服務員做房日報表」（如表11-2）。

表11-2 樓層服務員做房日報表

樓層: ____________ 姓名: ____________ 日期: ____________

房號	客房狀態	住客人數	時間		酒水	維修與保養	備註
			進	出			

三、其他情況的客房清掃程序及要求

（一）空房清潔整理

空房是經過清潔整理，目前尚未出租的房間。為了保持空房的清潔，保證隨時能入住新的客人，每天要對空房進行簡單的清潔保養，稱為簡單整理。

（1）每天檢查一次，看看有無異常情況。

（2）每天用乾布擦去家具設備和物品表面的浮灰。

（3）每天將臉盆、浴缸的冷熱水及馬桶的水放流片刻，然後將臉盆、浴缸擦淨。

（4）連續空閒的客房，每隔2天～3天吸塵一次。

（5）檢查毛巾是否乾燥、柔軟而富有彈性，如不符合要求，則應記錄，當有客人入住時記得更換。

（6）檢查房間設備情況，特別注意天花板、牆角有無蜘蛛網，地面有無蟲類等。

（二）小整理服務

小整理服務是高星級飯店為VIP客人提供的一項服務，目前許多飯店將小整理服務推廣到豪華客房、行政樓層甚至所有住客房，即只要客人一外出，服務員立即進房進行簡單整理。小整理服務為了使客人無論何時進房，都有整潔、舒適之感，且讓客人感到自身的尊貴及在飯店所受的重視。小整理服務的內容主要有：

（1）拉開窗簾，整理客人休息後的床鋪。

（2）清理桌面、菸灰缸、紙簍內和地面的垃圾雜物。注意有無未熄滅的菸頭。

（3）簡單清洗整理廁所。

（4）補充房間供用品。

（三）夜床服務

夜床服務又稱「做夜床」或「晚間服務」，其內容有做夜床、房間整理、廁所整理三項。夜床服務是一種高雅而親切的對客服務，主要的作用是方便客人休息；整理乾淨使客人感到舒適，表示對客人的歡迎和禮遇規格。客房做夜床服務，夏季一般在晚7時前後、冬季一般在晚6時前後進行。

1.夜床服務的規範

（1）按規定程序開門進房。

（2）開燈，將空調開到指定的刻度；並檢查燈具照明、電氣設備等是否正常，控制按鈕是否完好有效、開關自如。

（3）拉閉窗簾時，要做到窗簾整齊美觀，避光效果好，無透光、漏光現象。

（4）房間早餐掛牌可放在床頭櫃上或其他適當位置。

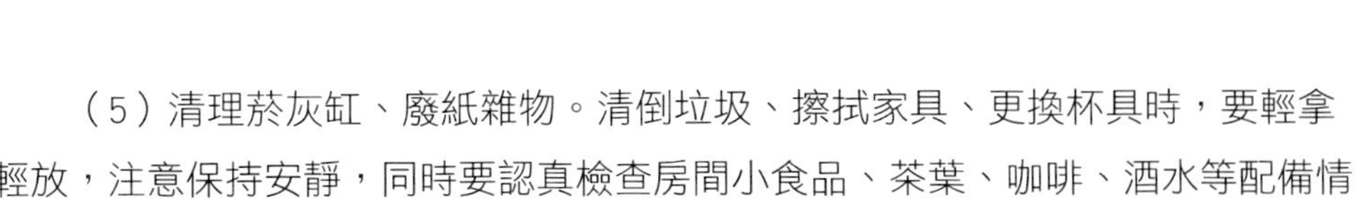

（5）清理菸灰缸、廢紙雜物。清倒垃圾、擦拭家具、更換杯具時，要輕拿輕放，注意保持安靜，同時要認真檢查房間小食品、茶葉、咖啡、酒水等配備情況，如有消耗，要及時補充。

（6）做夜床：

①將床罩取下，折疊整齊，放置於規定的位置。

②打開床頭一角，將襯單連毛毯一起向外折成30°（或45°）角。

③拍鬆枕頭，並將其擺正。如有睡衣應疊好，置於床尾處。同時擺好拖鞋。

④將晚安卡、小禮品或鮮花放在床頭櫃或枕頭上，或飯店規定的位置。

（7）整理廁所。放水沖馬桶，擦洗臉盆、浴缸，將雲台上的物品擺放整齊。整理廁所時，要將地巾平鋪在浴缸前，將浴簾拉至浴缸2／3處或適當位置，浴簾的下擺要放在浴缸內。

（8）檢查一遍房間和廁所。除地燈外，關閉所有燈。退出房間，關上房門。如客人在房間不用關燈，要向客人道聲「打擾了，晚安」，將門輕輕關好。

2.夜床服務應注意的問題

（1）應瞭解客人的習慣後進行有針對性的夜床服務。

（2）雙人房只住一位客人，則開臨近廁所的床，開床方向朝向床頭櫃，如住兩位客人，則相對開床；如是雙人床睡兩人時，則左右兩邊開床。

（3）是否進行夜床服務，應根據飯店等級和經營成本而定。

四、客房的消毒工作

（一）客房的消毒

（1）房間廁所的臉盆、浴盆、馬桶、牆壁等要做到一客一消毒。消毒內容及步驟包括：

①用配比好的清潔劑刷洗三缸及牆壁。

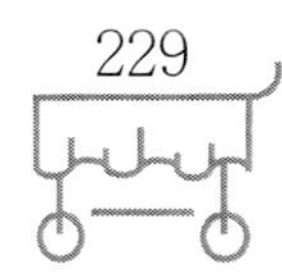

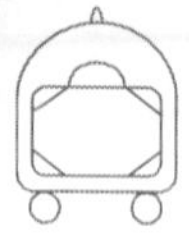

②用清水沖洗乾淨。

③用配比好的消毒溶液進行消毒，要求停留約5分鐘。

④再次用清水沖洗乾淨。

⑤用乾淨的抹布擦乾。

（2）清潔籃裡面要保持乾淨，臉盆刷、馬桶刷分開擺放，配比好的清潔劑、消毒液分別用兩個瓶子裝好，防止推車時外濺腐蝕其他物品。

（3）抹布分開使用，防止交叉感染，臉盆、浴盆、馬桶、地面各用一塊。抹塵兩塊，一乾一濕。

（4）消毒液的比例一般為1：200，清潔劑的比例一般是1：20。

（二）客房杯具的消毒

（1）收集：在做房間之前，先將髒的杯具用專用的桶收集送到消毒室。

（2）洗刷：用流動水將杯具中的汙物及茶漬洗刷乾淨後放入消毒池內。

（3）消毒浸泡：消毒劑一般用八四消毒液，比例為1：200，浸泡的時間為5分鐘。

（4）漂洗：將浸泡消毒的杯具放入水池中，用流動的清水漂洗乾淨。

（5）乾燥：用已經消毒過的毛巾，將已沖洗乾淨的杯具擦乾。

（6）二次消毒：把擦乾淨的杯具，放入消毒櫃內高溫消毒。

（7）儲存：把高溫消毒的杯具放入專用的儲藏櫃內存放備用。

（8）工作人員必須嚴格按照程序進行消毒工作，飯店要有制度措施進行監督。

第三節 客房清潔質量的控制

一、制定客房清潔整理的質量標準

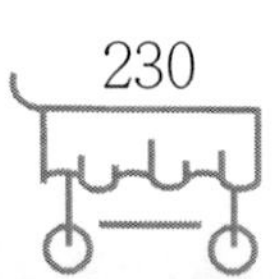

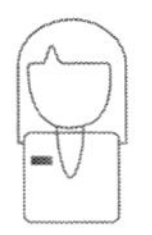

（一）操作標準

與客房清潔保養有關的操作標準有多方面的內容，它們都以飯店的經營方針和市場行情為依據。

1.進房次數

進房次數，指服務員每天對客房進行清掃整理的次數，是客房服務規格高低的重要標誌之一。按傳統做法，中國國內大多數飯店一般都實行一天三進房的做法，即上午的全面清掃整理、午後小整理、晚間做夜床。這種做法也符合大多數客人尤其是中國賓客的生活習慣。有些高級飯店還採用一日數次進房的做法，也就是只要客人動用過客房，服務員在認為方便的時候就進房進行清掃整理。但一些外資、合資飯店，則大多實行一日兩次進房的做法，即全面清掃整理和晚間做夜床，不提倡午後整理。國外有些飯店只是在客人要求整理時，服務員才進房清掃。這些飯店通常在房內床頭櫃上放置提示牌，提示牌的大體內容是：尊敬的賓客，為了不打擾您的休息，我們儘量減少進房次數。若您需要服務，請將「請即清掃」牌掛在門外，或電話通知，號碼為XXX，我們將隨時為您提供服務。

一般來說，進房次數多，不僅能提高客房清潔衛生的水準，還能提高客房服務的規格。但是，這並非說進房次數越多越好。因為進房次數是與成本費用成正比的，也與客人被打擾的幾率成正比。因此，飯店在確定進房次數時，要綜合考慮各種因素，包括本飯店的等級、住客的習慣和需求、成本費用標準等。當然，在具體執行時還要有一定的靈活性，通常只要客人需要，就應盡力予以滿足。

2.操作標準

為了使各項工作有條不紊地進行，避免操作過程中對物品和操作人員時間及體力的浪費，防止安全事故的發生，便於管理人員對工作進程的控制，保證工作質量，飯店應制定出一整套切實可行的操作標準。在制定標準時，通常應包括操作步驟、方法、技巧、工具用品等，要重點考慮如何省時省力、快捷高效、安全、經濟，員工能否達到規定的質量標準等。並根據飯店業的發展和工作實際，不斷進行修訂和完善。

制定出操作標準後，應採取最有效的方式幫助員工熟悉和掌握標準，如將操作要領和標準製成圖片或錄影予以張貼或播放，製成圖表、文字說明人手一份，供培訓及日常工作對照檢查，總之，透過多種方法使員工養成遵守操作標準的良好習慣。

3.布置規格

布置規格指客房設備用品的布置要求，客房內所配備的設備用品的品種、數量、規格及擺放位置、形式等，都須有明確規定、統一要求，以保證飯店同類客房規格一致、標準統一。總的要求是：實用、美觀、方便客人使用及員工操作。具體的標準可以用直觀和量化的方法加以規定和說明。為便於員工掌握和熟悉，也可將各類客房的布置規格製成圖片、圖表、文字說明，張貼在樓層工作間、客房服務中心。

（二）時效標準

為了保證應有的工作效率和合理的勞動消耗，飯店應規定客房清潔保養工作的時效標準，實行定額管理。如規定鋪一張西式床、清掃一間住客房的時間，客房服務員每天應完成的工作量等，所制定的時效標準必須科學合理。有了這些時效標準，一方面可加強員工的責任心和進取心，另一方面便於管理人員檢查督導，控制整個工作的進程，評價員工的工作表現。時效標準受到多方面的影響，在制定時通常應考慮以下幾個因素。

1.定額標準

由於各家飯店在服務員工作職責安排上的指導想法和具體做法不同，服務員所能承擔的工作定額也就不同。有些飯店，客房清潔保養尤其是日常性的清潔保養工作由專職清掃員負責，有些飯店則要求客房服務員負責，並要求服務員兼做其他一些工作，這就要考慮其他工作所占用的時間。

2.質量標準

通常客房清潔保養質量標準定得越高，需要服務員清掃整理所花費的時間越多，那麼定額也就應相對降低。

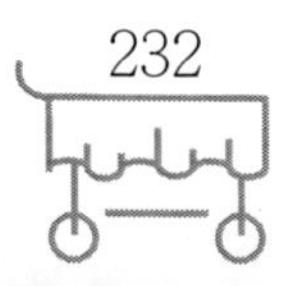

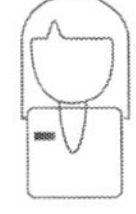

3.客房的分布

客房的分布情況對時效標準也有一定的影響，如果客房比較集中，服務員在清掃整理過程中就可以省去一些時間。一般飯店進行樓層設計時，就已經充分考慮到這個問題。在日常運行中，安排人員和分配任務時，應儘可能使服務員清掃整理的客房相對集中，儘量避免跨樓層。

4.工作區域的狀況

工作區域包括客房本身及周圍的環境等。客房面積的大小、家具設備的繁簡、裝修材料的種類、周圍環境的好壞等，這些因素都對清掃整理的工作量有一定的影響，在制定時效標準時必須予以考慮。

5.住客情況

住客的來源與類別、身分地位、生活習慣都會影響到客房清潔衛生狀況及清掃整理的時間和速度。

6.勞動工具的配備

清掃整理客房必須有相應的勞動工具，勞動工具是否齊全、先進，在很大程度上影響工作效率。

7.服務員素質

服務員是否愛崗敬業，是否具有良好的工作習慣和熟練的操作技能，也是影響工作效率的因素。

二、制定檢查客房的程序和標準

有了標準，只是使客房清潔工作有了規範和目標，但並不保證客房清潔工作就一定能達到這些標準，因為並非所有服務員在任何時候都具有執行標準的態度和能力。因此，建立相應的檢查體系、加強督促指導就顯得十分重要。

（一）檢查程序

完善的質量檢查程序是客房清潔保養工作管理高水準的重要標誌。其根本任

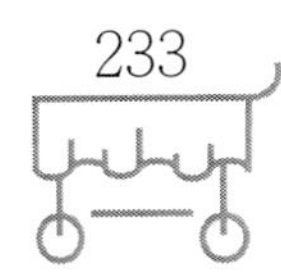

務是透過對客房清潔保養質量的檢查，保證客房產品的質量。

1.客房部內部逐級檢查程序

為保證客房清潔保養的質量符合飯店標準，及時發現問題並予以糾正，客房部必須建立內部逐級檢查程序。主要包括：服務員自查、領班普查、主管及經理抽查。

（1）服務員自查 就是服務員在清掃整理客房的過程中和工作結束後，對客房內的設備、用品、清潔衛生狀況等進行檢查。為了使這種檢查真正落到實處，在客房清掃整理的操作程序中應加以規定和要求，每一個服務員都應該養成自我檢查的良好習慣。服務員自查有利於加強員工的責任心和質量意識，提高客房清掃整理工作的合格率，減輕客房部管理人員查房的工作量，提高工作效率。

（2）領班普查 通常客房樓層領班對其所負責的客房進行全面檢查以確保質量。領班檢查是服務員自查後的第一道檢查關口，也可能是最後一道關口。因為飯店往往將客房是否合格、能否出租的決定權授予樓層領班。領班查房不僅可以造成監督、控制和拾遺補漏的作用，還可以作為一種有效的職位培訓，幫助服務員不斷提高業務技能。

（3）主管抽查 通常客房樓層主管所管轄的範圍比較大，客房數量多，就其時間和精力而言，無法對所管轄的客房進行全面核查。因此，主管檢查一般都是抽查，抽查的客房數量和類型可以有一定的量化規定。主管檢查的目的一是瞭解基層服務員的工作情況，二是對領班的工作進行監督和考量。

（4）經理抽查 客房部經理通常也要安排一定的時間對客房進行抽查，特別是VIP房要重點檢查。透過檢查瞭解樓層的狀況，加強與基層員工的聯繫與溝通，瞭解客人的意見和建議，這對改善管理和服務都是非常有益的。

2.店級檢查程序

店級檢查的形式多樣，主要有大廳副理檢查，總經理檢查，聯合檢查，邀請店外專家、同行明察暗訪。這種檢查看問題比較客觀，更容易跳出部門檢查的固定的工作框架，能發現一些客房部自身不易察覺的問題，幫助客房部改進工作。

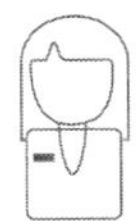

（1）大廳副理抽查 大廳副理可以代表總經理對一些客房特別是對貴賓房進行檢查，保證客房的質量標準和接待服務規格。

（2）總經理抽查 飯店總經理也應經常親自對客房進行檢查。透過檢查，可以瞭解客房的狀況、客房樓層的工作狀況、員工的心理狀況、客人的意見及建議等，對於加強溝通、改善管理、提高質量、制定決策都很有利。

（3）聯合檢查 飯店定期由總經理室召集有關部門，一般包括客務部、工程部、銷售部、安全部，對客房進行聯合檢查。聯合檢查有利於促進客房部的工作，保證客房及客房服務的質量，加強部門溝通與協調。

（4）邀請店外專家同行明察暗訪 飯店管理專家、同行看問題較為客觀，往往能發現飯店自己不能覺察的問題。不少飯店定期或不定期地邀請店外專家同行到飯店進行明查和暗訪，幫助飯店「找問題，挑毛病」，收效甚佳。

（二）客房檢查的標準

客房的清掃質量與管理者制定的檢查制度和檢查標準有關，清潔標準反映出飯店的等級和星級，因此，制定清潔標準應以飯店的經營方針和市場行情為依據，要本著方便的原則，即方便客人——儘量少打擾客人；方便操作——既省時又方便操作，減少不必要的體力消耗，並能提高工作效率；方便管理——減輕管理者負擔，既能貫徹管理意圖，又方便清潔質量的控制。由於各飯店設施設備條件不同，客房質量檢查的具體項目不盡相同，檢查的標準也不一樣。（參見表11-3）

表11-3 客房日常檢查的內容和標準表

臥室部分	檢查標準	臥室部分	檢查標準
(1)房門	a.無灰塵，無汙跡，無傷痕 b.房號牌清潔完好 c.門鎖、安全鏈清潔完好 d.窺鏡清潔完好 e.安全逃生圖、請勿打擾牌、餐牌齊全完好 f.門靠完好	(2)牆面、天花板	a.無灰塵，無污跡，無蛛網 b.無油漆脫落和牆紙、壁紙起翹現象 c.無漏水、滲水現象

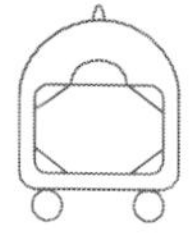

續表

臥室部分	簡單標準	臥室部分	簡單標準
(3)護牆版、地腳線	a.無灰塵,無污跡 b.完好無損	(4)地毯	a.無灰塵,無污漬,無染物 b.無菸痕、壓痕和腳印
(5)床	a.床頭板清潔完好 b.床上用品清潔完好 c.鋪床符合規範,美觀清潔 d.床墊按期翻轉符合規定 e.床底清潔無染物	(6)硬面家具	a.光潔明亮 b.無傷痕,無木刺,無失釘外露 c.堅固無鬆動 d.擺放得當
(7)軟面家具	a.無塵,無跡,無破損 b.擺放得當	(8)抽屜	a.清潔,無灰塵,無染物 b.開關靈便,把手完好 c.用品完好
(9)電話機	a.無塵,無跡,定期消毒 b.擺放位置正確 c.電話線整齊有序無纏繞 d.使用正常	(10)燈具	a.清潔完好 b.位置正確 c.燈泡功率符合規定 d.燈罩清潔完好,接縫面向牆
(11)鏡子	a.清潔明亮,無灰塵,無污跡 b.無破壞 c.鏡框清潔完好	(12)掛飾	a.清潔完好 b.懸掛端正
(13)電視機	a.表面清潔 b.底座(轉盤)清潔完好 c.工作正常 d.頻道設置符合規定 e.遙控器清潔完好,能正常使用,並擺放在規定的地方 f.電視機清潔完好,擺放正確	(14)收音機、音響	能正常使用,頻道與音量符合規定
(15)垃圾桶	a.清潔完好 b.套有乾淨的垃圾袋 c.擺放位置正確	(16)窗戶	a.窗玻璃清潔完好 b.窗台清潔無染物 c.關鎖閉窗
(17)窗簾	a.清潔完好,無污跡,無脫落 b.開關靈便 c.懸掛美觀、對稱,皺折均勻	(18)小酒吧	a.吧台、酒架清潔 b.用品配置符合要求,清潔完好 c.酒水配置符合規定

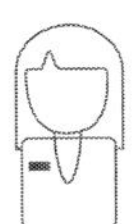

續表

臥室部分	檢查標準	臥室部分	檢查標準
(19)電冰箱	a.清潔衛生，無異味 b.飲料食品配置符合規定 c.用品配置符合規定 d.溫度調節符合規定	(20)空調	a.濾網及通風口清潔無積塵 b.能正常工作 c.溫度調節符合要求
(21)壁櫥	a.內外清潔 b.櫥門開關靈便 c.用品配置符合規定 d.壁櫥內的燈能隨門的開關而亮滅	(22)保險箱	a.清潔完好 b.有使用說明書
(23)客用物品	a.客用物品的品種數量符合規定 b.質量符合要求 c.擺放符合規定	(24)植物花草	a.清潔無灰塵 b.無枯枝敗葉 c.盆套整潔完好 d.定期澆水、施肥、修剪 e.擺放符合要求
衛生間部分	檢查標準	衛生間部分	檢查標準
(1)門	a.清潔完好 b.開關靈便，能反鎖	(2)牆	a.牆面清潔 b.牆磚完好，無脫落，無裂縫
(3)天花板	a.無灰塵，無斑跡，無水跡 b.完好無損	(4)地面	a.無塵，無跡，無毛髮 b.地磚完好 c.下水口清潔無異味
(5)馬桶	a.內外清潔 b.使用正常不漏水	(6)浴缸	a.內外清潔，無污跡，無水跡 b.金屬器件清潔明亮、完好 c.下水口清潔，無毛髮，水塞完好 d.浴簾清潔完好 e.晾衣繩能正常使用
(7)臉盆及洗臉檯	a.清潔完好，無灰塵，無污跡，無水跡 b.金屬器件清潔明亮、完好 c.下水口清潔並用水塞塞好 d.檯面清潔整齊	(8)鏡子	a.鏡框清潔完好 b.鏡面清潔明亮，無破裂
(9)燈	清潔完好，燈泡功率符合要求	(10)排風扇	a.清潔完好 b.噪聲低
(11)吹風機	a.清潔 b.使用正常	(12)電話機	清潔完好

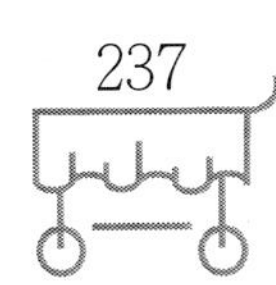

續表

衛生間部分	檢查標準	衛生間部分	檢查標準
(13)毛巾架、衛生紙架	清潔完好，無鬆動	(14)客用物品	a.品種、數量符合規定 b.品質符合要求 C.擺放符合要求
總體感覺	清掃整理後的客房，給人的總體感覺應該是：清潔、衛生、整齊、美觀、舒適、安全		

案例討論

假牙引起的風波

一位日本客人下榻瀋陽某賓館。一天中午，他氣沖沖地找到大廳副理投訴，説客房服務員打掃房間時，將他的一副價值昂貴的假牙弄丟了，要求飯店賠償。飯店接到投訴後，立即進行了調查：這位日本客人的一副假牙是前一天晚上取下放在廁所水杯中的。但第二天，客房服務員在打掃廁所時，粗心大意隨手將水杯中的水和泡在水中的假牙倒進了抽水馬桶。客人投訴成立，飯店應負賠償責任。怎麼辦呢？飯店只好讓工程部的工人，把下水道挖了個底朝天。花了整整一天的時間大海撈針，好不容易才從汙物中找出了客人的假牙。看來事情似乎解決了。但客人説，經過化驗，這副假牙已經被嚴重汙染，根本不能用了，堅持要飯店賠償。無奈，飯店只得照價賠償。

問題

1.客房服務員錯在哪裡呢？

2.如果是你會如何處理？

本章小結

透過本章的學習，我們掌握了不同房態和不同內容清掃的規定、要求、程序，熟悉了這項工作的實際應用和標準，同時對於不同房態清掃時的注意事項也有了一定的理解和掌握，今後力求透過實踐來全面掌握運用。

思考與練習

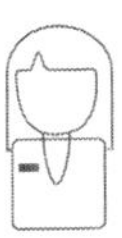

□知識思考題

1.客房清掃整理的準備工作有哪些？

2.簡述走客房清掃整理的基本程序是什麼？

3.夜房服務的基本程序是什麼？

□能力訓練題

1.訓練在3分鐘內完成兩單一毯的西式做床。

2.模擬走客房的衛生清掃。

3.參照「客房日常檢查的內容和標準」的內容，以領班的身分模擬對客房進行質量檢查。

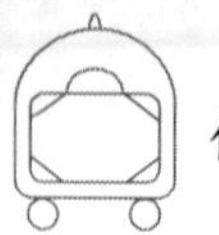

第 12 章 客房部設備用品管理

本章導讀

客房部是為客人提供住宿和休息的場所，設備用品較集中。客房的設備用品是保證客房部正常運轉必不可少的物質條件，同時也體現了飯店的等級和管理水準，因此加強客房設備用品的管理是客房部重要的任務之一。

重點提示

透過學習本章，你能夠達到以下目標：

瞭解並熟悉客房設備用品管理的意義

瞭解客房設備用品的種類

熟悉客房設備用品管理的基本方法

瞭解客房布件和日用品的消耗定額管理

導入案例

空調出故障

深圳來的王女士下榻某四星級飯店，入住在1408房間。晚上，王女士回到房間，發現空調壞了，於是打電話要求客房部派人維修。客房部派服務員小張負責處理此事。小張知道1408房的空調暫時修不好，而且現在飯店已無一空房，怎麼辦？來到房間，小張先認真查看空調後，告知客人，空調已壞，誠懇地向王女士道歉；然後，當著客人的面跟櫃台通話，強烈要求給客人調換房間。櫃台服務員回答說沒有空房可供調換，小張一再懇求，未果。接著又打電話到工程部堅決要求立即修理空調。工程維修人員解釋說這個空調某部件壞了，一時難以修好。小張把情況一邊說給王女士聽，一邊強烈抗議，言辭異常激烈，強調「要為客人的健康負責」。小張這一番努力，讓王女士非常感動，對小張說：「先生，謝謝您為我操心，您別為難了，給我加個電扇就行了。」小張抱歉地說：「那好，先給您加個電扇，一有空房我們馬上給您調房。謝謝您對我們的諒解！」於是，馬上給客人裝了一台電扇，處理了這一棘手的事情。

分析

飯店的硬體設施難免會有故障發生，工程部承擔著設施故障的搶修任務，同時飯店其他部門也有責任幫助客人解決困難。本案例中小張明知空調暫時不能修好，且無空房可調，但並沒有簡單地直接把這些情況告訴客人，請求客人的諒解，而是當著客人的面努力爭取客人的利益，使客人耳聞目睹真實情況，親身感受到服務員對她的真誠關懷。小張隨機應變的舉動，使客人看在眼裡，暖在心頭，雖然所爭取的利益渺無希望，卻得到了一種心理上的滿足，進而大度地諒解了飯店，妥善地解決了問題。

第一節 客房物品與設備管理

客房物品設備管理，就是對飯店客房商品經營活動所必需的各種基本設備和物品的採購、儲備、保養和使用所進行的一系列組織和管理工作。

一、加強客房物品設備管理的意義

客房物品設備是保證客房部正常運轉必不可少的物質條件，對這些物品設備的使用、保養是否合理，直接反映了飯店的管理水準。作為一名客房管理人員和服務人員必須有高度的責任心，在對客房服務的過程中，加強物品設備的保養維修，使之始終處於良好的狀態。

（一）客房物品設備簡介

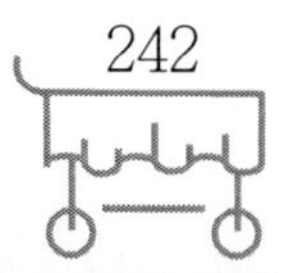

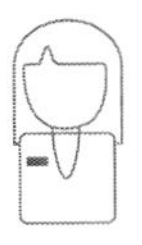

根據用途，客房物品設備分為電器類、衛生清潔用具類、家具類、安全裝置、地毯等。

（1）電器。客房內配備的電器設備主要有電視機、空調、電冰箱、燈具、音響等。空調有中央空調和分體空調之分。飯店大多使用中央空調。房內配有控制器，以調節室內溫度。一些高級客房配有自動熨斗和衣架，以方便客人熨燙衣物。

（2）衛生清潔用具。客房衛生清潔用具主要有浴缸、淋浴器、馬桶、洗臉盆等。

（3）家具。客房內主要配有床、床頭櫃、辦公桌、靠背椅、沙發、躺椅、電視機櫃、行李櫃（架）、衣櫥等家具。

（4）安全裝置。為了保證客人的安全，客房內必須配備安全裝置。如消防報警裝置，有偵煙警報器、溫度感測器及自動灑水，其他安全裝置有窺鏡和防盜鏈等。高等級客房在房內還配有小型保險箱。

（5）地毯，包括全毛、混紡、化纖等各種地毯。地毯具有保暖、隔音、裝飾等作用。飯店通常把地毯作為客房地面的裝飾材料。

（6）生活用品及裝飾用品，包括客用品，如被單、毛毯、菸茶具、衛生用具、字畫等。

（二）加強客房物品設備管理的意義

客房部是飯店的主要經營部門。客房設備品種繁多，能否保持完好無損，直接影響對客服務的質量和客房的出租，與飯店的正常運轉有密切關係。所以加強設備物品管理，對客房商品營銷活動及提高經濟效益等具有十分重要的意義。

（1）加強客房設備管理，是保證客房以至飯店正常運轉的基本條件。飯店是以客房銷售為主，來帶動其他部門的業務經營。所以，正常的設備運轉是飯店經營的依託，如果不具備這個條件，服務就會成為無本之木，無源之水。

（2）加強客房設備管理，是降低成本、提高經濟效益的重要途徑之一。飯

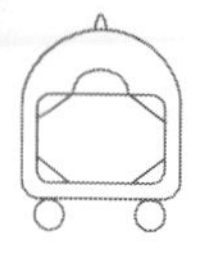

店客房設備投入大，成本高，而且使用頻繁，極易受到損壞，如不重視設備的管理，其再次投入的成本是難以估量的。在飯店總營業額一定的前提下，降低成本就是增加利潤。因此客房設備管理工作的好壞關係著飯店的經濟效益。

（3）加強客房設備管理，是體現飯店服務質量和管理水準的重要標誌。客房是客人主要的休息場所，擁有良好設施設備，是為客人提供滿意服務的硬性條件，也是顯示飯店等級的重要標誌。一方面，設備的配置要與飯店的等級一致，飯店級別越高，客房設備越豪華。另一方面，客房設備的使用、維修與保養狀況也是飯店管理、服務質量的主要實物體現。

（4）加強客房設備管理，儘量節省不必要的開支，適時地更新設備，有利於加速實現飯店客房服務手段的現代化，提高飯店的等級。

二、客房設備物品使用前的準備工作

充分做好客房設備使用前的準備工作，貫徹「預防為主」的方針，是做好設備使用和保養的先決條件。

（一）重視員工的培訓

客房部員工是設備使用和保養的主要責任人，因此飯店必須重視員工的培訓。客房部設備投入使用或新員工上工前，飯店應安排員工接受相關的專業培訓。培訓的主要內容有：客房設備的用途、性能、保養要求和使用方法，以及簡單的維修知識等。培訓後要進行考核，新員工經考核合格後再上工。這項培訓工作最好由設備供貨商負責，也可由飯店工程部有關專業人員承擔。

（二）制定操作規範和保養制度

根據每種客房設備的產品說明書及售後培訓內容，制定相關的操作規範和保養制度；最好能配以圖片，張貼在樓層工作間，為實行客房設備「操作規範化、保養制度化」管理做好基礎普及工作。

三、客房設備物品管理的方法

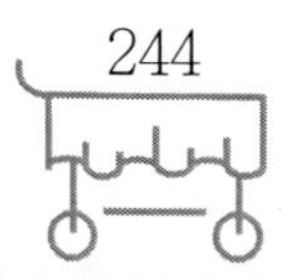

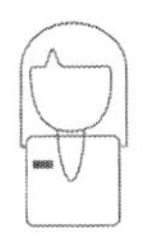

客房設備造價較高，可重複使用，因此，必須採取科學、合理的管理方法，充分發揮其使用效率，儘可能地延長其使用壽命，以降低成本，提高經濟效益。

（一）建立設備檔案

客房設備購進後，通常先由飯店工程部負責登記造冊，然後，根據部門需要，進行設備分配和領用。在設備歸客房部使用以後，為加強管理，應建立設備檔案，對每件設備進行分類、登記、編號，建立設備卡片，並且要與財務部門、工程部門的檔案一致，以便核對控制。客房設備檔案主要由客房裝飾資料和客房歷史檔案組成。客房裝飾資料是對客房內各種家具、地毯、窗簾等裝飾設備的規格特徵、生產廠家及裝修日期所進行的一般分類記錄；客房設備歷史檔案是對客房家具、用品的啟用日期、規格特徵和歷次維修保養情況進行的統計記錄。

為了避免各類設備之間互相混淆，便於統一管理，要對每一件設備進行分類、編號及登記。客房部管理人員對採購供應部門所採購的設備必須嚴格審查。飯店客房設備的檔案編碼常採用的是三節編碼法，即：第一節號碼標明設備的種類，第二節號碼標明設備的所在位置，第三節號碼標明設備的組內序號，如有附屬設備，可用括號內的數字表示。確定編號後，應在設備上標明，並在財務部、工程部的設備帳簿、設備卡片等技術資料上標明。

（二）分級歸屬管理

分級是指根據客房部的管理制度，分清設備應由哪個級別進行管理，一般分主管部門、使用部門和班級三個層次級別的管理，每一級都應有專人負責，做好設備的保管、維修、報損等工作，定期複查核對，做到設備帳簿、設備卡片、物品相符，確保設備的有效使用。

（三）建立和完善職位責任制

設備用品分級歸屬管理，必須有嚴格明確的職位責任制度作保證。職位責任制的核心是責、權、利三者的結合。既要明確各部門、各班組以及個人使用設備用品的權利，更要明確他們用好管好各種設備用品的責任和與此相關聯的切身利益。責任定得越明確，對設備用品的使用和管理越有利，也就越能更好地發揮設

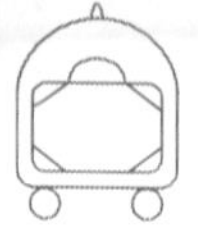

備用品的作用。

（四）制定報損、賠償制度

如果住客不慎損壞了客房的設備，應根據飯店有關賠償制度索賠，如無法修復，應按有關程序報損或報廢。如是員工損壞設備，則根據具體情況作出相應的處理。

第二節 布件與日用品管理

客房工作的開展在很大程度上依賴於布件的正常運轉，布件的質量、清潔程度、供應速度等都影響客房經營活動的開展。布件又稱為棉織品、布草或布巾，不僅是供客人使用的日常生活必需品，也是飯店客房裝飾布置的重要物質之一，對室內氣氛、格調、環境起著很大的作用。

一、布件的分類和配置標準

（一）布件的分類

客房布件按照用途劃分，可分為三大類：

（1）床上用布件，如床單、枕頭、枕套等。

（2）廁所布件，是配備在廁所內供住客使用的布件，包括方巾、面巾、浴巾和地巾。由於它們基本上屬棉毛織物，故都可統稱為毛巾。

（3）裝飾布件，如窗簾、椅套、床罩等。

（二）布件的配置標準

客房布件的配置數量必須以滿足客房正常運轉的需要為前提，同時考慮突發事件時的添加補充。

1.總量標準

飯店開業前所核定的布件採購量即為總量標準。確定總量標準要考慮以下因

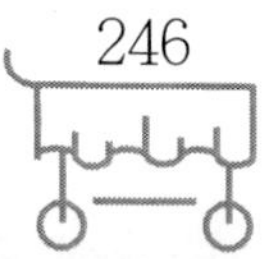

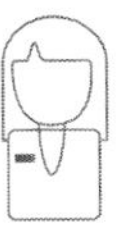

素：

（1）飯店應有的布件儲備量。應有的布件儲備量是指飯店按100%出租率運營時對布件的需要量而配備的布件數量，以此為基礎總量。

（2）飯店洗衣房工作運轉是否正常。確定布件的配置數量必須考慮洗衣房的運作情況，重點看洗衣房設備的完好情況、能源環境情況是否會影響正常的洗滌，能否保證布件的正常周轉。

（3）布件是否送經營性的專業洗滌店洗滌。現在送專業洗滌店洗滌布件的飯店呈增長趨勢，而且專業洗滌店的服務和規模也在不斷完善和擴大。但是由於交通運送等方面的原因，凡送專業洗滌店洗滌布件的飯店，儲備總量一般應有一定比例的增加。

（4）根據星級標準衡量，預計更新補充的週期。星級高、標準高的飯店，布件的更新週期相對較短，因此，儲備總量也應適量增加。

（5）儲存條件和資金占有的益損分析。布件的儲存要求很高，飯店是否具備良好的儲存條件，也是確定總量的因素之一。另外，在確定總量時，還必須權衡資金占用的利與弊，一般應在對資金占用進行益損分析後再作決斷。

上述幾點只是在確定布件總量標準時應考慮的主要因素，最終確定總量還應廣泛地進行調研，以避免少了不夠用、多了有浪費和閒置的情況。一般情況下，床單、枕套、毛巾等，通常所需更換洗滌的布件配置量為3套；毛毯、被縟、枕芯的配置量為1.5套；窗簾、床罩為1.1套。

2.存放點配置標準

飯店正常運轉後，布件的存放點有布草房、樓層工作間和客房，將總量標準合理分配至上述存放點，以利管理，方便使用。

（1）布草房的配置量。布草房是布件的存放中心，除存放在樓層工作間、客房以及洗衣房外，剩餘的均存放於此，一般來說，每日需更換的布件應有1.5套以上。

（2）樓層工作間的配置量。樓層工作間除存放一些備用布件，如毛毯、枕芯、被縟等外，主要存放日常更換的床單、枕套和毛巾等，存放的目的是為了保證日常清掃時客房的使用量。

（3）客房的配置量。客房布件的配置量與客房的出租率無關，屬全套配置。

二、布件的管理

加強布件的管理可以減少丟失、損壞現象的發生，因此需要建立一套完善的管理制度，使客房布件管理走上科學化。布件的管理可從以下幾方面予以著重考慮。

（一）布件配備數量合理性

布件的儲備根據飯店擁有的床位數計算，一般每個床位應備4套棉織品，一套在用、一套在洗、一套在布草房、一套在庫房備用。一套包括：床單4條，枕套4個，大、小浴巾各2條，面巾2條，方巾2條，地巾2條。

（二）建立嚴格的布件收發制度

1.定點定量發放

布草房是客房所有布件的管理部門，使用部門從布草房領取相應的布件，各部門的布件供應有定量規定，布草房應根據規定定量發放，不能多發也不能少發。

2.以髒換淨

布草房要根據客房樓層員工交來的髒布件，發放相應、同等數量的乾淨的布件。

（三）定期盤點和統計分析

必須建立盤點制度，對現有布件情況進行檢查統計，然後與定額標準進行比較，瞭解各類布件的損耗情況並分析原因，以利於採取相應的措施。盤點時主管

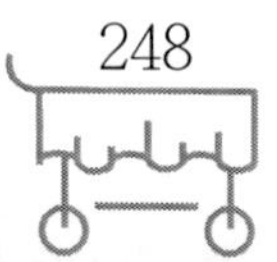

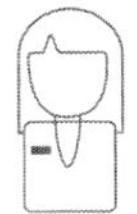

人員應在場，年終盤點須請財務部協助，計算出需要補充的數量後，可訂出採購計劃。採購計劃中除有採購品種、數量外，還應提出詳盡的質量要求和價格範圍要求，以免購進價高質差的棉、紡織品。

（四）建立布件報廢和再利用制度

布件報廢應定期、分批進行，應有核對審批手續並填寫報廢記錄。報廢的布件要洗淨、影印、捆綁好後集中存放。有些布件可以再利用，如改製成小床單、套枕、盤、杯墊、抹布等。對於使用年限過長、嚴重損壞的布件應予以報廢。布件的報廢要有嚴格的核對審批手續，一般由中心庫房的主管核對並填寫報廢單，洗衣房主管審批。

（五）加強保管

有些客房布件的損耗和流失與保管工作做得不好有關。其中的主要問題是：布件的保管職責不明確，保管人的責任心不強以及保管的措施不夠恰當、合理。為了加強對布件的保管，客房部要制定相關制度，採取有效措施。首先，明確客房布件的保管職責，一般原則上是誰用誰管，如果布件的損耗率高於規定標準，要追究有關人員的責任；其次，要加強對有關員工的教育和培訓，並經常檢查督促，既要加強員工的責任心，又要使員工掌握正確的布件保管方法，對於違反布件保管要求的要進行批評和相應的處罰。

三、布件的消耗定額管理

制定客房布件消耗數量定額，是加強布件科學管理、控制客房費用的重要措施之一。其定額的確定方法，首先應根據飯店的等級規格，確定單房配備數量，然後確定布件的損耗率，最後核定出消耗定額。

（一）確定單房配備量

各飯店由於等級和洗滌設施條件不同，布件的配備數量有所差異。要考慮飯店的等級、資金情況以及維持正常的布件運轉所必需的數量來確定單房配備量。以床單為例，三星級飯店要求配備3套～4套（每套4張），其中一套在客房，一

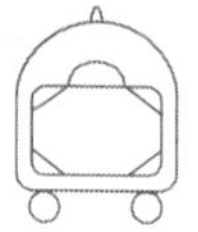

套在樓層布件房，一套在洗衣房，另外一套在中心庫房。配備完成後，只有到了更新週期才陸續補充和新購床單。確定單房配備量後，整個客房部的各種布件總數要按客房出租率為100%的需求量配備。

（二）確定年度損耗率

損耗率是指布件的磨損程度。飯店要對破損或陳舊過時的布件進行更換，以保持飯店的規格和服務質量水準。確定損耗率要考慮兩點：

（1）布件的洗滌壽命。不同質地的布件有著不同的洗滌壽命。例如，棉質床單的耐洗次數為250次～300次，而混紡床單大於此數。毛巾約為150次。

（2）飯店的規格等級要求。不同規格等級的飯店對布件的損耗標準是不同的。例如，豪華型飯店對布件6成新即行淘汰，改作他用，而經濟型飯店則可能到破損才能淘汰。

根據布件的洗滌壽命和飯店確定的損耗標準，即可計算出布件的損耗率。

例如，某飯店床單客房單間配備為4套，每套4張，床單每天一換，其洗滌壽命為405次，試確定該飯店床單的年度損耗率。

計算如下：

（1）每張床單實際年洗滌次數：

360÷4＝90（次）

（2）床單的年度損耗率：

405÷90＝4.5（年）

年度損耗率為：1÷4.5＝22.2%

（3）制定客房布件消耗定額。

計算公式為：

A＝B・x・f・r

式中：A表示單項布件年度消耗定額；B 表示布件單房配備套數；x表示客房

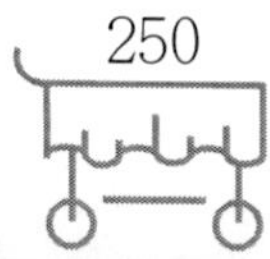

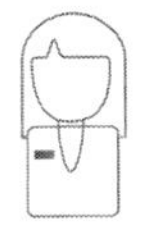

數；f表示預計的客房年平均出租率；r表示單項布件年度損耗率。

例如，某飯店有客房600間，床單單房配備4套（每套4張）。預計客房平均出租率為75%。在更新週期內，床單年度損耗率為35%，求其年度消耗定額。根據上述公式計算得：

A〔床單〕＝B・x・f・r＝4 ×600 ×75% ×35% ＝630（套）

四、客房日用品管理

客房日用品是為客人住宿時使用方便而設的，這類物品數量大、品種多、消耗快，比較難以掌握和控制。加強對客房日用品管理，確保客人需要，降低消耗也是客房管理的一項重要工作。

（一）客房日用品的配備原則

客房日用品不僅品種多，而且也在不斷的篩選和改進中。我們在選擇時應遵循以下四項原則，並根據客人需求的變化和飯店的具體情況來進行。

1.賓客至上

客房客用物品的配置，必須能滿足客人日常起居生活的需要，充分體現「賓客至上」的原則，做到實用、美觀、方便、舒適。如配備針線盒時，在針線盒中加上一根小別針或大頭針，可供客人應急時使用，若將不同顏色的線穿好在針眼內，可免去客人「穿針引線」的麻煩；甚至再配上一把小剪刀，更體現了事事處處為客人著想、方便客人的服務精神。

2.適度

客房日用品的質量及配備的數量，應與客房的規格等級相適應，注意適度原則。

3.易於環保

環境保護已經成了人類的共同任務，飯店應儘可能選用有利於環保和可再生利用的客用物品。如配置固定的可添加液體補充包的容器，將容器分別安裝在洗

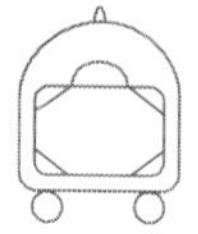

臉台上方和浴缸上方牆面，客人用多少擠壓多少，既方便了客人，又減少了浪費。

4.價格合理，效益為先

在滿足客人實際需要的前提下，客房客用物品的配置要以「效益為先」，考慮投入與產出的關係，儘可能選擇物美價廉的產品，以降低客房費用。如小鬧鐘是多數歐美旅客所喜歡的用品，客房內配置使用電池的小鬧鐘，一定會受到客人的歡迎，其費用也不高。客房日用品消耗量大，價格因素很重要，要在保證質量的前提下，儘可能控制好價格，以降低成本費用。

（二）客房日用品的消耗定額管理

1.制定消耗定額

客房日用品的分類方法很多，其中一個最基本的分類方法，是按消耗的方式不同，把客房日用品分為兩類：消耗物品和固定物品。消耗物品是一次性物品，即一次消耗完畢，完成價值補償的，如茶葉、信封、衛生紙、香皂、沐浴乳、牙刷等。固定物品可連續多次供客人使用，價值補償在一個時期內逐漸完成，如玻璃器皿、瓷器等，布件也屬固定物品範疇。

（1）單項客用消耗品的消耗定額

單項客用消耗品的消耗定額的制定方法，是以單房配備為基礎，確定每天需要量，然後根據預測的年平均出租率來確定年度消耗定額。其計算公式為：

$A = B \cdot x \cdot f \times 365$

式中：A為單項日用品的年度消耗定項；B 為單房間每天配備數目；x為客房數；f為預測的年平均出租率。

例如，某飯店有客房300間，年平均出租率預測為80%，茶葉、牙刷的單房間每天同配備量分別為3包、2隻。求茶葉、牙刷的年度消耗定額。

根據上述公式計算得：

A（茶葉）$= B \cdot x \cdot f \times 365 = 3 \times 300 \times 80\% \times 365 = 26.28$（萬包）

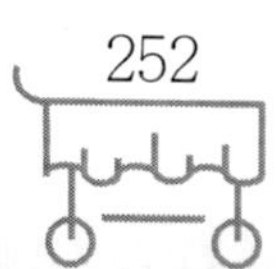

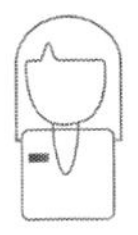

A（牙刷）＝B・x・f×365＝2×300×80% ×365＝17.52（萬隻）

（2）客用固定物品的消耗定額

客用固定物品的消耗定額，應根據各種物品的使用壽命、合理的損耗率及年度更新率來確定。這類物品的品種很多，各種物品的使用壽命、損耗及更新率因質量及使用頻率等的不同而不同，因此要分別單獨制定其消耗定額。

例如，客房的玻璃杯每間每天的耗損率為3%，每間客房所配備的玻璃杯平均為4個，如果某樓層某月出租的客房總數為670間，該樓層本月玻璃杯的消耗額為：

670間×4個／間×3% ＝80個

2.消耗定額落實到樓層班組

制定消耗定額是客房日用品管理的基礎。客房日用品消耗是每日、每月日積月累地在每個樓層的接待服務中實現的，所以，必須將各種日用品的消耗定額落實到每個樓層和每個班組。在制定年度消耗定額的基礎上，根據季節變化和業務量的變化，分解同一樓層、同一班組的季節、月度以及日消耗定額，加強日常管理和控制，這樣才能真正把消耗定額管理落到實處。

以消耗定額為基礎，決定樓層、庫房等各處的配備或儲存標準。一般來說，樓層工作車上的配備以一個班次的耗用量為基準。樓層小庫房通常備有樓層一週的使用量，具體品種、數量，要用卡條列明，並貼在庫房內，以供領用和盤點時校對用。客房部中心庫房的日用品儲存量，通常以一個月的消耗量為標準。既可以定期對樓層進行補充，又可應對臨時的意外需要。

五、日常管理

日常管理是客房客用物品消耗控制工作中最容易發生問題的一個環節，也是最重要的一個環節，因此必須予以重視和加強，採取的主要措施有以下幾點。

（一）專人領發，專人保管，責任到人

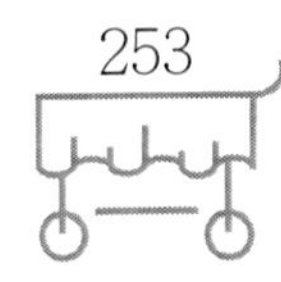

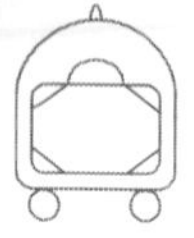

客房客用物品的領發應由專人負責，不能多人經手。如果必須多人經手，就要嚴格履行有關手續。儲存和配置在各處的物品，要由專人保管，做到誰管誰用，誰用誰管，避免責任不明，互相推諉。

（二）合理使用

員工在工作中要有成本意識，注意回收有價值的物品，並進行再利用。另外，還要防止因使用不當而造成的損耗。

（三）防止流失

在客房客用物品的日常管理中，要嚴格控制非正常的消耗。如員工自己使用、送給他人使用、對客人超乎常規供應等。

（四）避免庫存積壓，防止自然損耗

很多客房客用物品尤其是客用消耗物品都有一定的保質期，如果庫存太多、物品積壓過期，難免會造成自然損耗。因此，飯店要根據市場貨源供求關係變化確定庫存數量，避免物品積壓，不必要地占用過多的資金。

案例討論

不會使用電熱水壺的客人

客房服務員小吳正在走廊上吸塵，1102房的門打開了，程先生從房間裡走了出來。小吳微笑著向程先生問好。程先生對小吳說：「你給我拿一瓶熱水來。」小吳頗有些奇怪，飯店客房內已經配備了電熱水壺，客人可以隨時燒開水，只需要幾分鐘就可以，客人為什麼要一瓶熱水呢？難道是電熱壺壞了？但小吳還是立刻微笑著對客人說：「程先生，請稍等，我馬上給您拿來。」小吳正準備去工作間拿熱水瓶時，1102房的另一位客人出現在門口，對著小吳和程先生說：「不用拿熱水瓶了，我知道這電熱水壺怎麼用了，我們沒開插座的開關。」程先生頓時顯得有些尷尬，不知道說什麼好。小吳仍然自自然然地對程先生微笑著說：「我們飯店的電熱水壺是複雜了些，連我們有時為客人燒開水時，也會忘記打開插座開關。」程先生聽了小吳的話後，感到釋然了，對小吳說：「那麼熱水瓶就不要了，謝謝你。」

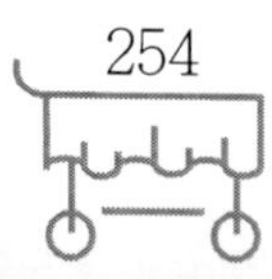

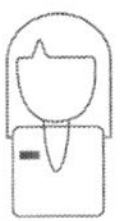

問題

此案例中服務員的做法有哪些可取之處？

本章小結

客房設備物品是客房部正常運轉必不可少的物質條件。加強客房設備物品管理，對保證客房優質服務、提高經濟效益具有十分重要的意義。本章講述了客房設備物品管理的意義、任務和方法；探討研究了布件與日用品的使用和控制的有效方法。

思考與練習

□知識思考題

1.加強客房設備物品管理的意義是什麼？

2.客房設備物品管理的方法有哪些？

3.如何加強客房用品的日常管理？

□能力訓練題

1.某飯店有客房800間，年平均出租率預測為80%，購物袋、咖啡單房實際耗用量分別為2個／間天、3包／間天。求購物袋、咖啡的年度消耗定額。

2.某飯店有客房900間，床單單房配備3套（每套4張）。預測客房年平均出租率為77%。在更新週期內，床單年度損耗率為40%，求其年度損耗定額。

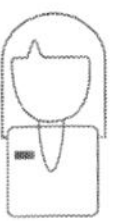

第 13 章 客房安全管理

本章導讀

在客房的實際管理工作中，安全問題始終是管理者最為關心的問題之一，使客人能有一個安全的住宿環境，也一直是客房管理的一個重要任務，因此，客房管理者必須不斷地建立和完善相應的安全制度，預見潛在的安全問題，並分別制定迅速有效的應急措施，以保障客人、員工和飯店的安全。

重點提示

透過學習本章，你能夠達到以下目標：

熟悉火災及其他意外事故的預防和處理

掌握客房安全的侵害因素和防範措施

瞭解客房勞動職業安全培訓的內容

瞭解客房勞動職業安全管理工作的內容

導入案例

客房物品丟失了

藍天飯店是一家四星級商務型飯店，出租率一直是該城市同星級飯店的前幾名。某日早上，19層的1908房住進一位客人，樓層服務員發現客人一住進來就掛上了「請勿打擾」牌，到14：00還掛著此牌。樓層領班打電話與客人聯繫，詢問是否需要打掃房間，客人表示不需要。早班服務員在做房表上填上1908房

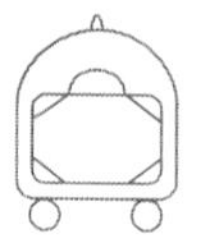

客人拒絕服務的時間，並傳遞給下一班次。中班服務員在19：00開夜床服務時，發現這間房仍然掛著「請勿打擾」牌，就從門下放進一張無法提供開床服務的通知卡，提示客人如果需要開床服務請與客房中心聯繫。到第二天12：00結帳時，房間依然掛著「請勿打擾」牌，領班產生了懷疑，打電話至房間沒人接，便開門進房檢查，發現房間的窗簾和全套酒水都不見了。保安部接到報告後調查了客史檔案，發現客人是用W城市身分證登記的。根據地址找到了客人家裡，透過前台接待人員辨認，身分證的擁有者不是住宿飯店客人。經查，原來這張身分證在半年前就丟失了，而入住的客人是冒充者，且與相片相似，是一外地人。

分析

本案例可以使我們深刻地認識到客房安全防範的重要性。安全防範工作不但是保安部的職責，也是其他部門特別是客房部及全體員工的職責和義務。良好的安全秩序是飯店經營的保證，客房部必須加強安全管理，確保住宿飯店客人、員工的人身和財物以及心理安全和飯店的財產安全。

第一節 火災及其他意外事故的防範及處理

飯店安全工作的目的是保證客人、員工的人身及財產安全和心理安全。因此，飯店的建築、附屬設施和運行管理應符合消防、安全的現行有關法規和標準。客房是客人在飯店逗留期間的「家」，客人對安全期望很高。因此，在客房的設計、布置、服務以及管理工作中，應充分考慮到各種安全因素，盡最大可能防範任何安全事故的發生，保證飯店的客人和員工始終處於安全的生活和工作環境之中。

火災對於飯店來說是最大的致命傷，其發生率雖然很低，但後果極其嚴重，會給飯店帶來經濟和聲譽上的雙重損失。客房是飯店的基礎設施，而且通常位於飯店的高樓層，在此區域的人員多，而且絕大多數客人對所居住的環境不熟悉，萬一發生火災，撲救和人員疏散都比較困難。因此，飯店必須制定一套完整的預防措施和處理程序，以防止火災的發生並保證一旦火災發生能對火災事故進行及

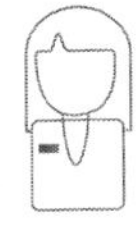

時的應急處理，應當能自行撲滅，或能控制火勢，等待消防部門人員的支援。

一、火災發生的原因

據統計，火災多發生在客房區域。在客房區域發生火災的原因很多，主要有：客人吸菸不慎、電器短路著火、客房內明火作業以及防火安全報警系統不健全等。

火災一般分三類：A類火災指木頭、紙等起火；B類火災指易燃液體起火；C類火災指電起火。

二、火災事故的預防

客房安全管理的重點，在於採取有效的措施，防止火災事故的發生。因此，火災的預防，是客房消防安全管理的主要工作。為預防和控制火災事故的發生，飯店在不同的區域都會有具體的防火措施。飯店客房區域的防火措施主要包括下列內容。

（一）配備消防設備和器材

客房及客房區域應按照國家消防安全的有關規定，配備符合標準的消防設備和器材。主要有以下幾種。

1.報警器

報警器主要有煙感報警器、熱感報警器（溫感報警器）和手動報警器三類。當室內煙霧達到一定濃度時，煙感報警器便會自動報警，有利於及時發現火情；當火災的溫度上升到熱感器的工作溫度時，熱感報警器的彈片便自封脫落造成回路，引起報警；手動報警器一般安裝在每層樓的入口處，有樓層服務台的飯店則設在服務台附近的牆面上，當發現附近有火災時，可以立即打開玻璃壓蓋或打碎玻璃，使觸點彈出，造成報警。另外，還有一種手壓報警器，只要按下這種報警器的按鈕，即可報警。

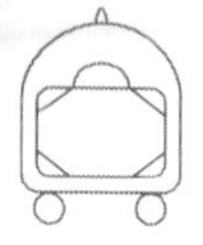

2.滅火器材

滅火器材主要包括便攜式滅火器、噴淋裝置和消防栓等。噴淋滅火系統主要用於木頭、紙等一類的火災。總控制室顯示板上顯示噴灑區域並同時報警。消防栓裝置主要是用水來撲滅火災，一般不能撲救易燃液體起火和電起火。消防栓內的伸縮水帶，連接起來可長達25公尺，滅火功能強大，能迅速撲滅初期火災，應善加利用。便攜式滅火器則主要用來撲救易燃液體起火和電起火引起的火災。便攜式滅火器有一定的使用年限，一般為3年，期滿即需要更換。在3年的使用期內，還應定期檢查壓力表上的指針是否在正常位置，以確保該表始終處於正常狀態。

3.配套防火設施設備

在客房區域內還應配置完整的防火設施設備，另外地毯、家具、床罩、牆面、窗簾、房門、燈罩等家具物品，應儘可能選擇具有阻燃性能的材料製作；安全通道出口處平時不準堆放任何物品，不能上鎖，應保證通道暢通。還應確保電梯口、走廊、過道等公共場所有足夠的照明亮度；樓道內應有疏散指示燈；安全出口24小時都必須有照明指示燈等。

（二）預防火災的具體措施

（1）客房內「安全須知」裡 應有防火要點及需客人配合的具體要求。床頭櫃上於醒目位置應擺放「請勿在床上吸菸」，隨時提醒客人注意防火。客房門背後貼有安全逃生圖，用來指示客人在發生火災的緊急時刻安全疏散。

（2）客房員工在進房對客服務時，應習慣性地注意檢查安全隱患。在日常工作中，應隨時檢查火災隱患，例如，及時熄滅尚未熄滅的菸蒂，阻止客人使用禁用電器，並透過提供相應服務滿足客人需求，尤其要特別注意醉酒後吸菸客人的行為。

（3）客房管理人員還應根據客房防火條例，配合有關安全部門定期對客房區域進行全面檢查，發現問題及時解決。

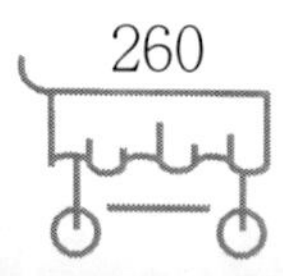

三、火災事故的處理

火災的發生，通常是由於在不安全的環境下進行的不安全行為所引起的，在日常工作中要加強管理、注意防範。消除各種安全隱患固然可以減少火災發生的機會，但難以保證絕對不發生火災。因此，管理者必須對員工進行消防及逃生的訓練，培養其自救及救人的能力，使其能夠針對不同的火災情況進行妥善的處理。

（一）消防訓練

一般來說，火災中的人員傷亡大多是由於災情發生時處理方法不當而造成的，直接被火燒死燒傷的並不是很多。有的人是因恐慌而跳樓，有的人是被有毒氣體或煙霧包圍熏暈後窒息而死。飯店配備的完備的消防設施，需要訓練精良的員工在關鍵時刻理智科學地使用，才能發揮最大的效用。因此，客房管理者應重視員工的消防培訓，使每一客房員工都掌握防火、滅火以及緊急逃生的知識和技能，在緊急狀況下可以妥善處理，控制災情，並引導客人、幫助客人脫離險境，做到既能自救亦能救人。

（二）火災事故的處理

樓層、客房一旦發生火災，或飯店其他區域發出火警信號和疏散信號時，客房管理人員必須保持鎮靜，迅速採取有效措施，指揮員工正確處理所遇到的緊急狀況，保證客人的生命、財產安全，儘量減少飯店的損失。

（1）當發現火情時，所有人員應立即使用最近的報警裝置，例如，立即打破手動報警器玻璃，發出警報；用電話通知總機，講清著火地點和燃燒物質；關閉所有電器開關，關閉通風、排風設備；迅速利用附近適合火情的消防器材控制火勢，並盡力將其撲滅。如果火勢已不能控制，則應立即離開火場。離開時應關閉沿路門窗，在安全區域以內等候消防人員到場，並為他們提供必要的可行性幫助。

（2）聽到報警信號時，客房管理者應盡快瞭解情況，若火警是發生在客房區域，管理者應立即趕赴現場，指揮員工立即查看火警是否發生在本區域。無特

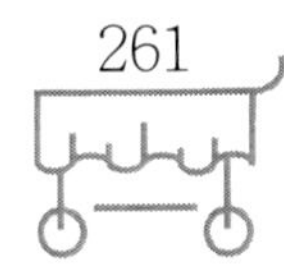

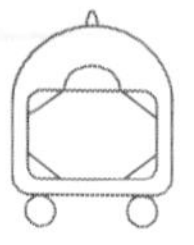

殊任務的客房員工應照常工作，保持鎮靜、警覺，隨時待命。除指定人員以外，任何工作人員在任何情況下都不得與總機房聯繫，全部電話線必須暢通無阻，僅供發布緊急指示用。

（3）疏散信號表明飯店某處已發生火災，要求客人和全體飯店人員立即透過緊急出口撤離，趕到指定地點按序點名，該信號只能由在火場的消防部門指揮員發出。客房管理者應立即趕往現場，有步驟地組織客人和員工疏散。在疏散時，首先應聽明白緊急廣播裡表明的火災確切地點，以確定安全的疏散方向。然後根據飯店指定的疏散線路，疏散引導人員的位置，在所有的緊急出口、逃生通道、逃生路線的適當地點安排員工站立，引導客人到達安全地點，避免客人倉皇中不知方向而造成混亂和不應有的傷害。

在疏散過程中，應提醒客人走最近的通道，千萬不能使用電梯。一般將事先準備好的「請勿搭乘電梯」的牌子放在電梯前或者直接關閉電梯；情況允許時，應督導客房員工檢查每一間客房內是否還有客人，並幫助客人透過緊急出口離開，這時要特別注意照顧傷殘住客的撤離。在確認房內無人時，要把房間的所有門窗都關上，以阻止火焰的蔓延，然後在房門上用約定的方式做記號，表示此房間已檢查過無客人。若發現門下有煙霧冒出，則應先觸摸此門，如果很熱，切勿開門，但如房內有住客，應立即開門救援。在離開時如有可能應將重要文件資料及現金帶上。

當所有人員撤離至指定地點後，客房管理者應協助客務管理者，查點客人撤離情況。還要根據攜帶出的出勤記錄，核對員工是否安全撤離。如有下落不明或還未撤離人員，應立即通知消防人員。

（4）客房管理者和員工，應熟悉火災發生時的逃生要領，以便在火災中能夠給予客人適當的幫助和指導，儘量減少火災中的人員傷亡。客房逃生要領主要包括離開客房逃生和留在客房等待營救時應採取的措施。

一般情況下，當客人離開客房時，應關好房門並帶好房鑰匙，以備疏散路線中斷時可退回到客房自救，並等待外面救援；同時應隨身攜帶一條濕毛巾，經過煙霧區時用濕毛巾捂住口鼻，以防有毒氣體；在經過濃煙區時，要注意彎腰或爬

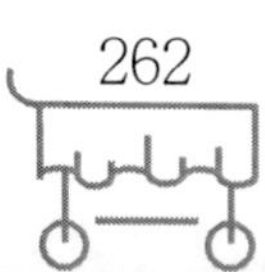

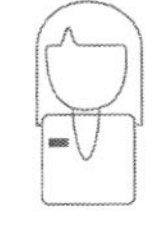

行前進；前進時要搞清方向，儘量從最近通道疏散。當高層飯店的客人無法下樓層時，可往上跑，跑到樓頂後，站在逆風一面，等待營救。

由於種種原因不能離開客房，不得已需留在房內時，則應用濕毛巾或床單沿著門縫塞上，防止煙霧進入。在浴盆內放滿水，將所有易燃物品用水浸濕，若用洗髮精和沐浴乳等混在水裡，滅火效果會更好。此時若房門或門把手發燙，千萬不要開門，要不斷往門和其他易燃物品上澆水，以降低溫度。除非房內充滿濃煙，必須開窗換氣，否則不可開窗，避免火從窗口竄入。

四、其他意外事故的預防及處理

在飯店管理過程中，防止意外事故的發生也是不可忽視的重要內容，客房部對此類情況更要採取有效措施，妥善做好處理工作。

（一）防盜工作

偷盜現象在飯店裡時有發生，尤其在管理不善的飯店更是如此。偷盜的發生或多或少地影響客人在飯店內的正常活動，直接或間接地影響著飯店的聲譽。客房部應採取有效措施，預防偷盜事件的發生。

1.客房失竊類型

客房失竊可分為飯店財物失竊和賓客財物失竊兩種類型。

（1）飯店財物失竊

飯店失竊的物品通常有床單、毛巾、毛毯以及客房用品、酒水等。失竊金額雖然不是很大，但說明存在安全隱患，還是要引起客房部管理者和員工的高度重視。

（2）賓客財物失竊

為避免客人丟失貴重物品，服務員應提醒賓客做好貴重物品的登記工作，同時，一般飯店會提示客人把貴重物品存入飯店大廳的保險櫃內。

2.客房失竊的原因

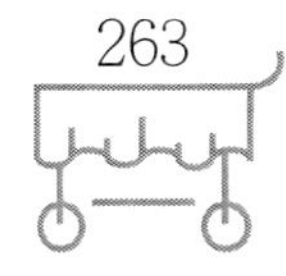

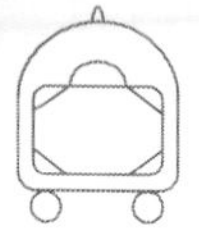

客房失竊事件在各個飯店中都時有發生，不光是客人會受到財物的損失，就是飯店本身也會受到不同程度的影響。分析客房失竊的原因，一般有如下三種：

（1）員工自盜。員工自盜是指飯店內部員工的偷盜行為。心理學研究得出，人有從眾行為，容易仿效，當一名員工有偷盜行為而不及時進行阻止和相應懲罰的話，其他員工可能會存有僥倖心理去模仿。

（2）賓客盜竊。賓客盜竊是指住宿飯店賓客中的不良分子有目的或者是順手牽羊的偷盜行為，這種情況發生盜竊事件的也比較多。

（3）外來人員盜竊。外來人員盜竊是指社會上一些不法分子有意或無意進入飯店而引起的偷盜行為。

3.盜竊事故的預防

為有效防止失竊事件的發生，應針對不同的失竊原因採取相應的預防措施。

（1）防止員工偷盜行為

客房部的員工平時接觸飯店和賓客的財物，因此，客房部應從實際出發制定有效防範員工偷竊的措施：

①聘用員工時，嚴格進行人事審查；

②制定有效的員工識別方法，如透過不同部門有不同的工作服、佩戴工作牌等制度識別員工；

③客房服務員、工程部維修工、餐飲部送餐服務員出入客房時應登記其出入時間、事由、房號及姓名；

④制定鑰匙使用制度。客房服務員領用工作鑰匙必須登記簽名，使用完畢後應及時將其交回辦公室；

⑤建立部門資產管理制度，定期進行有形資產清算和員工衣櫃檢查，並將結果公之於眾；

⑥積極開展反偷盜知識培訓，對有偷盜行為者要進行教育培訓，對不悔改人員要予以勸退或辭退。

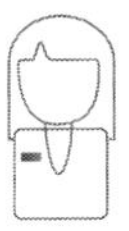

（2）防止客人偷盜行為

客房部制定科學、具體的「賓客須知」，明確告訴賓客應盡的義務和注意事項。也可以採取以下措施：

①在飯店用品上印上或打上飯店的標誌或特殊標誌，使客人打消偷盜的念頭；

②製作一些有飯店標誌的精美的紀念品，如手工藝品等，給客人留作紀念；

③做好日常的檢查工作，嚴格管理制度，避免給某些客人留有空隙，杜絕不良客人的企圖。

（3）防止外來人的偷盜行為

飯店周圍可能會有一些不法分子在盯著客人伺機而動，因此要注意：

①加強樓層進出口控制，及其他場所的不定時巡查；

②加強安全措施，對於有價值的物品（如景泰藍花瓶、玉器等）擺放在公共場所的，要注意保護和看管；

③注意來往人員攜帶的物品，對於可疑人員尤其要高度重視。

4.失竊事故的處理

雖然防盜工作一直在加強，但仍無法完全杜絕盜竊事故的發生，因此，一旦發現此類事情，對於飯店而言，還是要正確處理好。

（1）當客人報告或投訴在房間內有財物損失時，應立即通知值班經理、保安部、房務中心。

（2）封鎖現場，保留各項證物，會同警衛人員、房務部人員立即到客人房內。

（3）將詳細情形記錄下來。

（4）從保安部調出監控系統的錄影帶，以便瞭解出入此客房的所有人員，以利於進一步調查。

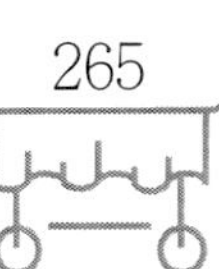

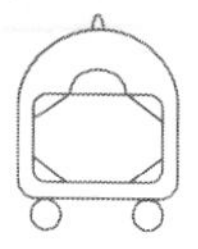

（5）過濾失竊前曾逗留或到過失竊現場的人員，假如沒有，則請客人幫忙再找一遍。

（6）千萬不能讓客人產生「飯店應負賠償責任」的心態，應樹立客人應將貴重物品置放在保險箱內的正確觀念，這才是首要的預防盜竊的措施。

（7）遺失物品確定無法找到，而客人堅持報警處理時，立即通知警衛室人員代為報警。

（8）待警方到達現場後，讓警衛室人員協助客人及警方作事件經過的調查。

（9）將事情發生原因、經過、結果記錄於專門的值班經理本上。

（10）對於此類盜竊意外事件，除相關人員外，一律不得對外公開宣布。

（二）遇到自然災害的處理

自然災害常常是不可預測或無法抗拒的，包括水災、地震、颶風、龍捲風、暴風雪、冰凍等。自然災害的發生，會引起客人的恐慌，作為飯店的服務人員應以輕鬆的心情、沉著的態度來穩定客人的心，同時客房部應做好相關的安全應急計劃，具體的內容包括：

（1）客房部及其各工作職位在發生自然災害時的職責與具體任務；

（2）應配備的各種應付自然災害的設備器材，並定期檢查，保證其處於完好的使用狀態；

（3）必要時的緊急疏散計劃（可以類似火災的緊急疏散計劃）。

（三）突然停電的處理

停電事故可能是外部供電系統引起的，也可能是飯店內部設備發生故障引起的。停電常會造成諸多不便。因此，飯店須有應急措施，如採用自備發電機，保證在停電時能立即自行啟動供電。客房部在處理停電事故方面，應該制定周密計劃，使員工能從容鎮定地應對。具體的內容包括：

（1）若預先知道停電消息時，可用書面通知方式告知住宿飯店賓客，以便

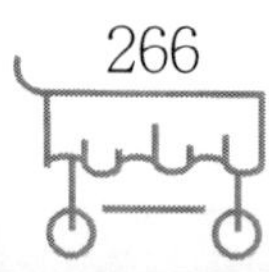

賓客早作準備；

（2）及時向客人說明是停電事故，正在採取緊急措施恢復供電，以免客人驚慌失措；

（3）即使停電時間較長，所有員工都要平靜地留守在各自的工作崗位上，不得驚慌；

（4）如在夜間，使用應急燈照亮公共場所，幫助滯留在走廊及電梯中的客人轉換到安全的地方；

（5）加強客房走廊的巡視，防止有人趁機行竊，並注意安全檢查；

（6）防止客人點燃蠟燭而引起火災；

（7）供電後檢查各電器設備是否正常運行，其他設備有沒有被破壞；

（8）向客人道歉並解釋原因；

（9）作好工作記錄。

（四）客人遺留物品的處理

飯店管理客人遺留物品的歸口部門是客房部，由客房服務中心或辦公室負責處理。要設立物品登記保管制度，詳細記錄失物或客人遺留物品情況，包括物品的名稱、遺留地點及時間、拾獲人等。對遺留物品要註明房號、客人姓名、離開飯店時間等。

（1）當客人結帳離開飯店時，客房服務員應迅速查房，如發現遺留物品，應立即通知客房服務中心或直接與前台收銀聯絡；如果是散客的貴重物品，客房服務員可透過前台收銀與客人聯絡；若是團隊客人的，則與團隊領隊聯繫；若找不到失主，服務員應立即將物品送至客房服務中心或指定地點。

（2）房內遺留的一般物品，將此物品的房號、名稱、數量、質地、顏色、形狀、品質、拾獲日期及自己的姓名填寫清楚，交到客房服務中心或指定地點後，由當班的聯絡員或專人負責登記在「遺留物品登記本」上。

（3）一般物品經整理後應與「遺留物品控制單」一道裝入遺留物品袋，將

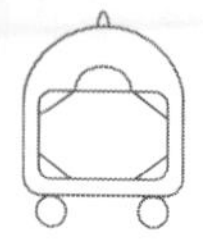

袋口封好，在袋的兩面寫上當日日期，存入遺留物品儲存室。

（4）錢幣及貴重物品經登記後，交主管進行再登記，然後交祕書保管。

（5）遺留物品儲存室每週由專人整理一次。如有失主前來認領遺留物品，須要求來人説明失物的情況，並驗明證件，由領取人在「遺留物品控制單」或「遺留物品登記本」上寫明工作單位並簽名後取回該物。領取貴重物品時需留有領取人的身分證件的影印，並通知大廳副經理到現場監督、簽字，以備查核。若認領遺留物品的客人在客務等候，則由祕書或主管將物品送到客務。經客人簽認後的手續單貼附在該登記本原頁的背面備查。

（6）若有已離開飯店的客人來函報失及詢問，客房管理人員在查明情況後，親自給客人以書面答覆。所有報失及調查回覆資料應記錄在「賓客投訴登記簿」上備查。

（7）若客人打電話來尋找遺留物品，需問清情況並積極幫助查詢。若拾物與客人所述相符，則要問清客人領取的時間，若客人不立即來取，則應把該物品轉入待取櫃中，並在記錄本或工作日報上逐日換班，直到客人取走為止。

（8）若客人的遺留物品經多方尋找仍無下落，應立即向部門經理彙報，飯店對此情況應重視並盡力調查清楚。所有的遺留物品處理結果或轉移情況均需在「遺留物品登記本」上予以説明。

（五）客人意外受傷的處理

客人在客房內遭受的傷害大多數與客房內的設備用品有關，一是設備用品本身有故障，二是客人使用不當。一旦賓客發生負傷、生病等緊急情況時，必須向管理人員報告，同時應立即採取救護行動。

（1）開房門發現客人倒在地上時，應注意賓客是否在浴室倒下；是否因病（貧血或其他疾病）倒地；是否在室內倒地時碰到家具；身上是否附著異常東西（繩索、藥瓶等）；倒地附近是否有大量的血跡；應判明是否因病不能動彈，是否已死亡。

（2）在發生事故後，應立即安慰客人，穩定傷（患）者的情緒，注意觀察

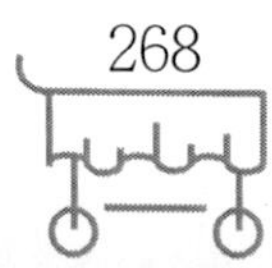

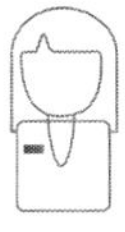

病情變化，在醫生來到之後告知病情。

（3）服務人員在醫護人員來到之前，有些情況也可以進行臨時性應急處置：如傷處出血時，應用止血帶進行止血，如果不能纏繞止血帶時，用手按住出血口，待醫生到達後即遵醫囑。

（4）如果是輕度燙傷，先用大量乾淨水進行沖洗；對於重度燙傷，不得用手觸摸傷處或弄破水泡，應聽從醫生的處理。

（5）如果頭部受了傷，在可能的情況下要小心進行止血，並立即請醫生或送往醫院。

（6）如果雜物飛進眼睛，應立即請店內醫生來處理，如上眼藥或用潔淨的水沖洗眼睛。

除此之外，為儘量減少發生客房內的意外事故，在平時的工作中，服務員要增強責任心，細心觀察，嚴格按照崗位職責和操作規程辦，管理人員查房時也要認真仔細，不走過場，這樣許多不安全因素就會被消滅在萌芽狀態。

（六）客人食物中毒的處理

食物中毒多是因為食品、飲料保潔不當所致，其中毒症狀多見於急性腸胃炎，如噁心、嘔吐腹痛、腹瀉等。為了保障所有來店賓客人身安全，必須採取以下措施：（1）採購人員把好採購關，收貨人員把好驗貨關，倉庫人員把好倉庫關，廚師把好製作關；

（2）客房服務人員發生客人食物中毒時馬上報告總機講明情況，如食物中毒人員國籍、人數、中毒程度症狀、所在地點等；

（3）作好記錄，並通知醫務室和食品檢驗室及有關人員到達食物中毒現場，進行處理。

（七）客人死亡的處理

客人死亡是指賓客在飯店內因病死亡和自殺、他殺或原因不明的死亡。

1.正常死亡客人的處理規定

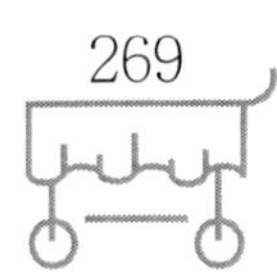

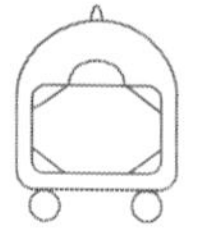

（1）正常死亡需公安機關對屍體作出檢驗才能定論；

（2）中國國內人員可根據死亡者所留下的證件、電話號碼等與其親屬聯繫，並根據中國法律進行處理；

（3）國外人員還需與大使館或領事館取得聯繫，要儘可能地根據各國的民族風俗進行恰當處理。

2.非正常死亡客人的處理規定

（1）立即報告公安機關；

（2）無論是室外、室內的死亡現場，都必須保護現場的各種痕跡、物證不受破壞，以備調查取證。

（八）客房防爆

飯店客房的防爆工作是指為了賓客人身財物安全，對需要保護的人員、特殊財物、特殊區域，如重要賓客、祕密文件、特殊設施、保密會議等的保衛工作，以及對於企圖破壞飯店或賓客安全的不安定分子進行警戒、防備、探察、制裁等積極的防範工作。

（1）要讓飯店的所有管理人員和員工尤其是客房部員工明白防爆的重要性，懂得防爆的知識。飯店內不得存放任何危險品。平時整理客房時要注意觀察異常物品；在服務過程中要注意可疑的人。

（2）飯店要制定防爆方案，進行防爆演習，可以同防火工作聯繫在一起。

（3）對於發生爆炸以後的現場，立即組織人員警戒，除醫務人員、消防人員和公安人員，其他人員一律不得進入現場。已死亡者，應等待法醫鑒定處理。現場目擊者應問清情況，並詳細記下姓名、住址、單位等，以便事後詢問。

（4）事故處理完後，寫詳細報告並存檔。

第二節 客房安全問題及防範

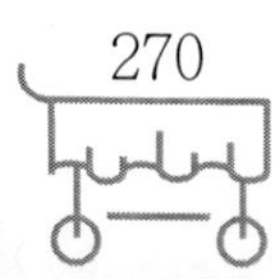

一、客房安全的侵害因素

客房安全的侵害因素種類多、範圍廣、變化快。按照侵害因素產生的原因和性質，大致可以分為人為侵害因素和自然侵害因素兩大類。

（一）人為侵害因素

包括違法犯罪行為、非違法犯罪行為和由於工作失職造成的安全事故。

1.違法犯罪行為

違法犯罪行為是指行為者違反法律規定，實施了法律所禁止的行為，或不去實施法律所規定的必須實施的行為，行為者的心理狀態大多為故意，即明知自己的行為會發生危害他人的結果，但仍然希望或放任這種結果的發生。在飯店所發生的違法犯罪事件中，嫌疑人都是以飯店和客人的人、財、物作為侵害目標，作案地點大多在客人活動的範圍之內。客房是違法犯罪分子在飯店作案的重要區域。犯罪分子作案手法隱蔽、目標明確，往往裝扮成客人或訪客的模樣，混入客房區域，伺機作案。

2.非違法犯罪行為

非違法犯罪行為是指其行為本身多數屬於行為者道德觀念、思想品德和生活作風等問題，如打架鬥毆、酗酒鬧事等。其行為並不屬於違法範疇，但確實影響了客房安全。處理這些問題，必須謹慎，更須注意方法。

3.工作失職引起的安全事故

據有關資料統計，飯店中60%的安全事故是由於員工不安全操作造成的，包括起重運載、貪圖方便、急躁情緒、漫不經心等以及不安全的工作環境，如潮濕、油膩、不平的地板路面，照明不足，缺乏安全裝置等。另一項研究表明，那些心不在焉、社會責任感差、對本職工作不感興趣、情緒容易波動以及接受能力差的人，特別容易促成安全事故。因此，強化員工的工作責任心和安全意識十分重要。

（二）自然侵害因素

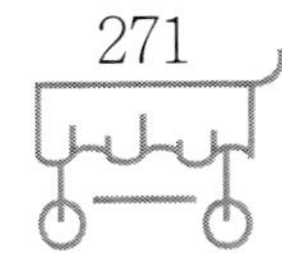

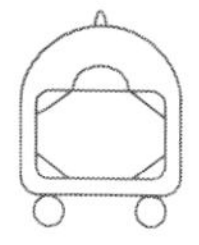

是指由於自然力的作用而直接影響客房安全的因素。自然侵害因素具有很大的危險性，會給飯店和客人造成嚴重損失。根據人們對自然侵害因素的認識程度，可以把自然因素分為下列三種：

1.能夠預測並能預防的自然侵害因素

自然侵害因素是多種多樣的，有些是可以為人們所預測並能預防的。如房屋年久失修造成屋頂泥灰脫落、大風颳破門窗而引起的傷害客人事件；電源線老化而引起火災等。這些因素普遍存在，往往被忽視，但又經常引起安全事故，必須引起我們的重視，提高警惕，儘可能減少和消除這種自然因素所造成的侵害。

2.難以預測或不可抗拒的自然侵害因素

有些自然因素是難以預測的，有些自然因素即使可以預測但又是不可抗拒的，如颱風、洪水、雷擊、地震等。難以預測並不是不要去預測，而是應該透過多種途徑瞭解其發生的準確時間、途經路線和危害程度，作好充分的準備。不可抗拒也不是不要抗拒，而是應該皆盡所能，把損失減少到最低的限度。

客房安全保衛工作就是避免人為侵害因素和自然侵害因素，其中更為重要的是同各種人為侵害因素作抗爭。

二、客房安全工作的防範手段

（一）思想教育手段

採取多種形式提高員工的心理覺悟、道德水準和科學文化知識，增強安全意識，特別重視對新員工的法制教育和安全教育，重視對有違法記錄人員的教育和管理，並要儘可能採取多種形式，對住宿飯店客人進行必要的安全教育。

（二）法律手段

根據現行的法律、法規和規章，依法維護客房部的治安秩序，做好各項安全保衛業務工作。對各種違法犯罪行為，依據法律予以制裁。透過貫徹實施法律、法規和規章，做好各種形式的安全防範工作，最大限度地減少違法犯罪行為的發

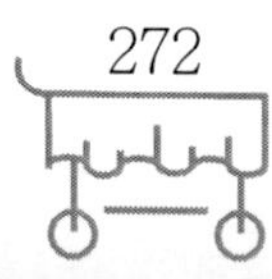

生。

（三）技術防範手段

採用現代化的設備，安裝電視監控裝置，自動防火、防爆、防盜系統，做到能夠及時發現和掌握違法犯罪活動和其他侵害因素，並加以有效制止。

（四）經濟手段

實行安全保衛責任制，把客房部安全工作的各種目標或要求，同飯店全體員工、特別是客房部員工的崗位考核聯繫起來。凡是安全保衛工作做得好的，給予獎勵。

（五）行政手段

要做好客房的安全保衛工作，就必須透過有力的行政管理手段，建立健全必要的客房安全管理工作標準。所謂客房安全工作標準，就是衡量和確保客房安全與否的一系列措施和具體規範。客房部制定客房安全管理工作標準的一般做法是：

（1）收集客房安全方面的有關法規和條例，並以此作為制定客房安全標準的依據。

（2）根據客房工作的特點及實際情況，制定各個工作崗位的安全規範。如客房樓層的安全管理、鑰匙的控制、通道和電梯的安全控制、財產的保管、安全設備的保管和使用、緊急情況的處理等。

第三節 勞動職業安全

客房部員工在日常工作中需要大量接觸清潔設備、化學清潔劑等可能造成安全問題的設備、用品，如有疏忽或使用不當則可能會對員工自身安全和健康帶來一定的威脅，給飯店造成損失，因此，客房管理者必須對客房部員工進行職業安全培訓，培養員工的職業安全意識，在工作中注意勞動保護，嚴格遵守有關規程。

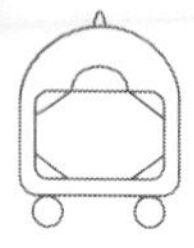

一、職業安全培訓

透過職業安全培訓，可以增強員工的勞動保護意識。所謂勞動保護，就是飯店為保障員工操作過程中的安全和健康所採取的各種措施的總稱。在客房的職業安全培訓中，管理者應重點強調以下的內容。

（一）堅持正確操作

在許多人的觀念中，飯店工作，尤其是客房工作是十分安全的，但事實上，如果不注意按照操作規程正確操作，很容易引發一些安全事故。因此，要防止這類事故的發生，員工必須掌握正確的操作方法，比如：

（1）移動較重的物品，應使用手推車，推車應用雙手推行，物品較多時，應分次搬運，以確保安全；舉笨重的物品時，應先下蹲，平直上身，然後將物品舉起。

（2）如需取高處物品，應使用梯架。在公共區域登梯操作，必須有人扶助，高空作業時一定要繫好安全帶。

（3）當進行高空擦窗工作或在公共區域的地板打蠟時，必須放置警示牌，讓過往行人小心留意。

（4）客房清掃中關房門時，要握著門把，而不要扶著門的邊緣拉門。

（二）減少事故隱患

工傷事故的發生與員工的勞動保護意識密切相關，在很多時候，只要適當加以注意，就能夠及時發現可能釀成事故的隱患，並能夠及時加以控制，許多事故都是可以避免的。在職業安全培訓中，以下方面的問題也應加以關注：

（1）應特別留意是否有危險工作情況，如公共走廊或樓梯照明不好或清潔設備損壞等，應盡快通知工程維修人員修理，以免發生危險。如工作區域濕滑或有油汙，應立即抹乾、抹淨，以防客人或其他員工滑倒。

（2）不可將手伸進垃圾桶或垃圾袋內，以防垃圾桶內有碎玻璃或尖利物品刺傷手。清潔廁所時要注意有無用過的刮鬍刀片，如有發現應妥善處理。

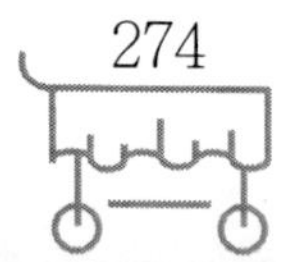

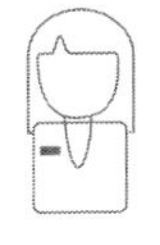

（3）如發現玻璃或鏡子崩裂，必須馬上向上級報告，並通知工程部立即更換，不能立即更換的，必須要先用強力膠紙貼上，以防有墜下的危險。如發現客房內的玻璃或茶杯有裂口或缺角，應立即更換並作處理。處理時應與垃圾分開，用箱子裝好，另做處理，以免刺傷到其他人。在公共區域的大塊玻璃上的顯眼處應貼上有色字體或標記，以防客人或員工不慎撞傷。

（4）不穩的檯面、桌椅或床，須盡快修理。家具或地毯如有尖釘，須馬上拔去，以防刺傷客人或員工。

（5）放置清潔劑及殺蟲劑的倉庫應與放食品的倉庫分開，並做明顯標誌，以免弄錯。

（6）洗地毯或洗地時，應留意是否弄濕電器插頭及插座，以免觸電。在公共區域放置的工作車、吸塵器、洗地機或洗地毯機等，須儘量靠邊放置並留意有無電線絆腳的可能性，並放置警示牌。

（三）合理使用體力

客房工作內容繁多，許多工作需要合理使用體力，如果使用得當，既可以提高工作效率，又可以減少造成員工身體受到傷害。因此，管理者應倡導員工量力而行，做自己力所能及的工作，不要去完成一些超極限的勞動，以免造成安全事故，給個人身體健康造成傷害的同時也給飯店帶來損失。具體而言，主要包括：

（1）將重物拆開分幾次搬運。例如，搬運一大箱桶裝清潔劑較為困難，是力所不能及，但可以把箱打開，一手拎幾桶，這就力所能及，容易得多了。同樣崩，在搬運家具時也可以儘量把家具拆開搬運。

（2）充分利用地球引力巧搬物品。如將物品從高處往低處搬運時，在條件允許的情況下，我們可以擱置一塊木板，使物品從高處滑下，既省力又可以提高工作效率。

（3）學會合理使用身體肌肉。合理使用身體肌肉的一個基本原則是儘量使用較大塊的肌肉。較小的肌肉，如背、肩等比腿上的大肌肉的承受力差，容易疲勞及拉傷。例如，推地，如果服務人員用手臂的力將拖把左右來回轉動，不僅會

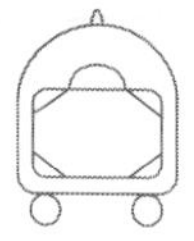

使灰塵揚起，而且操作者容易疲勞，如果雙手握著拖把桿，放在胯部，一直往前走，主要使用腿部肌肉，則操作者會輕鬆許多。提重物也是這樣，如果彎腰使用較小的臂肌肉及背部肌肉就很費力，而且還極容易造成背部肌肉受傷，正確的方法是先蹲下，將重物靠近身體，腰挺直，然後用腿的力量站起。

二、客房職業安全管理

保障員工安全，是客房各項工作順利進行的基礎，也是飯店取得良好經濟效益的基本保證，因此，客房管理者應高度重視員工的勞動保護，保障員工安全。

一般來說，影響員工安全的因素主要包括三個方面：一是由於設備問題或操作不當造成傷害；二是由於勞動保護措施不到位引起各種職業疾病；三是人為造成的傷害，如個別無理取鬧的客人對員工造成的傷害等。

針對於此，管理者應做好以下四個方面的管理工作。

（一）合理安排人力

科學、合理地安排勞力，培養員工的合作精神，可以有效地提高工作效率，減小勞動強度。例如，週期性進行客房衛生徹底清掃時要求進行客房床下的徹底吸塵，長期一人操作，很容易造成腰部受傷，而由兩人配合著進行則要方便、省力得多。管理者在安排這類工作時應充分考慮這方面因素。

合理安排人力還包括安排合適的人做。例如，搬運較重物品等工作可由專人去做，許多飯店的客房部均有專人負責搬運重物以及打雜等工作。這類工作一般應安排男服務員完成，儘量避免讓女服務員去做。

（二）改善工作條件

飯店工作條件的好壞，不僅影響員工的工作熱情和工作效率，而且也關係員工的身心健康。所以改善工作條件，既可以有效預防職業疾病，也可以提高員工的工作效率，防止安全事故的發生。管理者對工作條件的改善應從以下幾個方面進行。

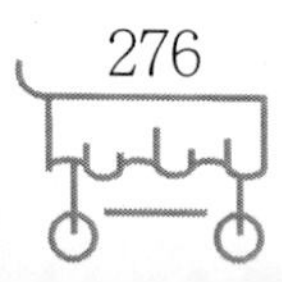

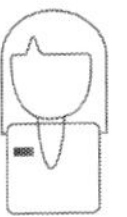

1.提供高效設備

為提高工作效率，管理者應儘量多使用機器設備。例如，大面積地面的濕洗完全可用單擦機甚至全自動洗地機去洗，而用拖把拖不僅效率低、效果差，而且使操作者容易疲勞。減輕容器的單位重量。例如，選擇容量少的小桶比選擇容量多的大桶對員工而言就更為安全。

2.科學設計制服

員工制服是員工在職期間必須穿著的服裝，在設計時應充分考慮操作的方便和安全。如客房員工的制服不適宜過長或太多裝飾，對一些需要搬運和彎腰操作的職位，如客房服務員褲裝比裙裝更適合。

3.配備勞保用品

首先，管理者應儘量選擇一些比較安全的用品，以保障員工安全；其次，當使用一些可能會對員工健康造成影響的用品時，必須配備相應的勞保用品，並督促員工正確使用。如使用清潔劑時，要求員工必須戴上橡膠手套，方可操作，以免化學劑腐蝕皮膚。

4.改善勞動環境

如果員工長期在嘈雜、陰暗、潮濕、高溫等環境下工作，將會導致一些職業病的發生。目前，許多飯店的洗衣房等場地的勞動環境應引起足夠的注意，尤其在夏季，高溫是影響許多員工健康的一個重要因素，管理者應設法改善，儘量提供一個有益於員工健康的工作環境。

另外，在所有操作規程制定中，管理者應切實考慮員工的勞動保護問題。一些具有危險性的工作，應進行專業化的培訓，並督導員工正確地進行操作，避免明知故犯違反規程的危險操作行為，或請專業公司人員來處理。

（三）建立健康檔案

管理者應為員工建立健康檔案，注意對員工進行定期健康檢查，瞭解員工的健康狀況，還應特別注意保護和保障女員工的健康。女員工由於生理特點，比男

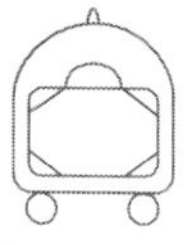

員工更容易疲勞和生病，所以為了保護女員工的健康，應視具體情況實施必要的特殊政策。只有健康的員工才能提供高效率的工作，因此，管理者對員工健康問題應給予一定的重視，進而保證部門各項工作的順利進行。

（四）制定安全措施

在體力勞動中，為減輕疲勞，確保安全，管理者還應制定一些具體的操作安全措施，並要求員工嚴格執行。例如：

（1）按規定穿戴勞保用品，如手套、膠鞋等。

（2）在搬運重物前確保路線暢通，將可能妨礙搬運的物品移開。

（3）不要在打滑的地面上搬運物品，以免發生事故。

（4）儘量不要在地面上拖物品，而應用車搬運，否則地面容易被損壞。

（5）確保在搬運時員工的視線不被擋住。

（6）儘可能考慮購買一些搬運的機械，如平板車等。

（7）充分考慮所用設備的承重力，例如，搬運時所用的推車的承重力不夠，將會損傷推車，甚至造成事故。

（8）搬運較長物品時，如長梯、長的管子，即使物品不重也要兩人搬，避免撞到別人或損壞牆壁。

（9）要擦去手或手套以及所需搬運物體表面的油汙，以防止搬運時因脫落而造成事故發生。

客房的安全管理工作應以預防為主，這就要求每一位客房員工都要具有高度警惕性，在日常工作中嚴格遵守操作規範，及時發現和消除各種安全隱患，最終杜絕各類安全事故的發生。由此，客房安全管理貫穿客房運行與管理的始終，是客房管理工作的基礎，也是客房管理者一項重要的工作任務。

案例討論

案例1

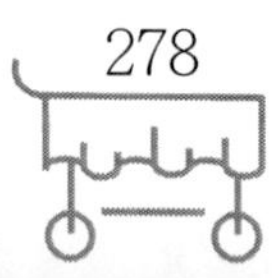

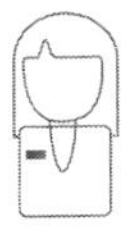

物品被盜

2006年9月的一個早晨，住在雲南盛鑫飯店的王先生起床後發現放在電視機旁邊的包不見了，房門沒有撬過的痕跡。包裡有一部三星手機，另有20800元現金及身分證、合約書等，要求飯店賠償其全部損失。

而飯店一方願意拿出1000元作為補償，免收這兩天的房費，需簽下互不追究的協議。因無法認定客人是否真的丟了東西，所以不能全部賠償。

問題

1.如何確認客人所說事情是否屬實？服務員是否有作案的可能？

2.飯店從此案例中應吸取什麼教訓？

案例2

客人回房「休息」

祥雲飯店16層1609房間，服務員正在打掃房間。門敞開著，一個西裝革履、留著長髮的人，繞過工作車，輕輕地進到房間來，蓋上被子，假裝睡覺。

服務員清理完畢廁所，走出來。她見有一個人躺在床上，以為客人回來了正在休息，不宜打擾。於是退出房門，繼續整理其他客房去了。

傍晚，1609房的客人回房，發現失竊，立即報案。保安和公安人員趕到現場，蒐集線索，拍攝腳印、指印照片，詢問服務員。服務員回想起上午清掃房間時的情形，講述了事情的經過。

問題

你認為客房服務員在清掃房間時應該如何做好安全防範工作？

本章小結

透過本章的學習我們瞭解了火災及其他意外事故發生的因素，熟悉了在發生火災和其他意外事故時該如何面對和處理；對於飯店的安全侵害因素也作了分

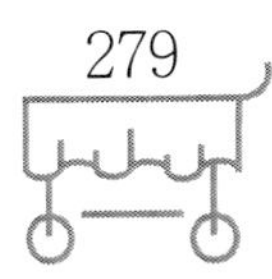

析，特別是對員工的職業安全作了較為詳細的闡述，對我們今後的工作有很好的幫助。

思考與練習

□知識思考題

1.飯店客房部的防火措施主要包括哪些內容？

2.詳述常見的客房安全侵害因素。

3.客房部應如何做好員工的勞動保護工作？

□能力訓練題

1.模擬練習常用滅火器的使用方法。

2.模擬練習客房服務員遇到客人意外受傷時的處理方法。

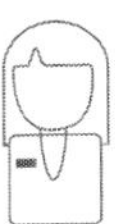

附錄：飯店部分常用英語

總經理室	General Manager's Office
總經理	General Manager
副總經理	Vice General Manager
住宿飯店經理	Resident Manager
值班經理	Duty Manager
總經理助理	General Manager's Assistant
總經理辦公室	Executive Office
總經理辦公室主任	Director of Executive Office
辦公室祕書	Executive Secretary
收發員	Mail Clerk
客務部	Front Office
客務部經理	Front Office Manager
客務部主管	Front Office Assistant Manager
預訂處	Reservation Desk
接待處	Reception Desk
問訊處	Information Desk
收銀處	The Cashier's Desk
禮賓部	Concierge

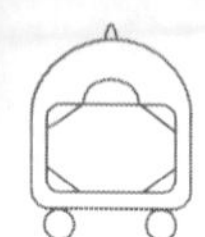

電話總機	The General Switchboard
商務中心	Business Centre
大廳副理	Assistant Manager
門廳應接員	Doorman
接待員	Receptionist
訂房員	Reservationist
團體協調員	Tour Coordinator
行李主管	Bell Captain
行李員	Bellman
外幣兌換員	Cashier
結帳員	Front Office Cashier
電話總機主管	Chief Operator
話務員	Operator
客務問訊員	Front Office Information Clerk
住房登記表	Registration Form
房價表	Rate Sheets
訂金	Advance Deposit
預訂	Reservation
取消預訂	Cancellation
臨時類預訂	Advanced Reservation
確認類預訂	Confirmed Reservation
保證類預訂	Guaranteed Reservation

標準房價	Rack Rate
商務合約價	Commercial Rate
散客價	Walk-in Guest Rate
團隊價	Group Rate
折扣價	Discount Rate
家庭價	Family Rate
包套價	Package Rate
淡季價	Slack Season Rate
旺季價	Busy Season Rate
日租金	Day Rent Rate
白天租用價	Day Use Rate
深夜房價	Midnight Rate
鐘點房價	Hour Price Rate
加床價	Extra Bed Rate
歐式計價	European Plan（EP）
美式計價	American Plan（AP）
修正美式計價	Modified American Plan （MAP）
歐陸式計價	Continental Plan（CP）
百慕達式計價	Bermuda Plan（BP）
信用限額	Gredit Limit
客房部	Housekeeping Department
客房部經理	Housekeeper

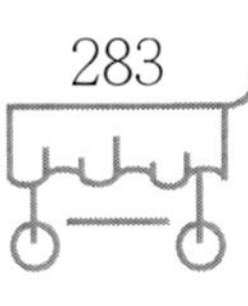

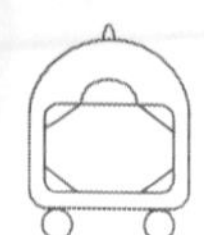

客房管理員	Senior Supervisor
客房主管	Head Housekeeper
樓層主管	Floor Supervisor
樓層領班	Floor Captain
公共區域領班	Public Area Captain
客房部領班	Floor Supervisor
客房樓層值班員	Floor Butler
客房服務員	Room Attendant
洗衣房主管	Laundry Supervisor
洗滌熨燙組領班	Washing & Ironing Captain
客衣收發員	Laundry Delivery Boy/Maid
紡織品收發員	Laundry Attendant
洗滌工	Washer
熨燙工	Presser
縫紉工	Seamstress
單人房	Single Room
雙人房	Double Room
經濟房	Economy Room
雙床間	Twin Room
三人間	Triple Room
雙人房	Standard Room
套房	Suite

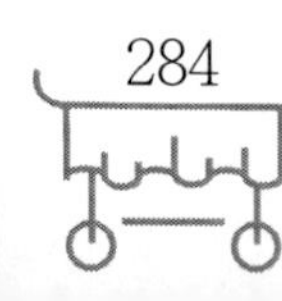

標準套房	Standard Suite
商務套房	Business Suite
商務樓層	Business Floor
高級套房	Superior Suite
豪華套房	Deluxe Suite
總統套房	Presidential Suite
工作室型套房	Studio Suite
多功能套房	Multifunctional Suite
組合套房	Combined Type Suite
家庭套房	Family Suite
皇室套房	Imperial Suite
小型套房	Mini Suite
蜜月套房	Honeymoon Suite
湖景房	Lakeview Room
山景房	Mountainview Room
海景房	Ocenview Room
園景房	Parkview Room
免費房	Complimentary Room，CR
空房	Vacant Room，OK
未打掃房	Unmade Room，UR
已出租房	Occupied Room，OR
待修房	Out-Of-Order Room，OOO

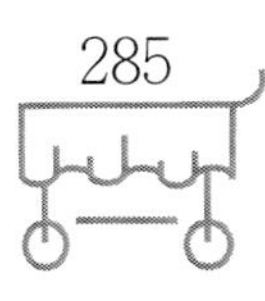

正在清理房	Cleaning Room，CR
已結帳房	Check-out Room，COR
保留房	Blocked Room，BR
外宿房	Sleepout，S/O
雙鎖房	Double Locked，DL
請勿打擾	Do not Disturb，DND
請即清掃	Make up Room，MUR
客房服務中心	Housekeeping Service Center
樓層服務台	Floor Service Desk
叫醒服務	Wake-up Service

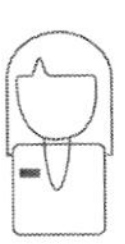

國家圖書館出版品預行編目(CIP)資料

飯店客務客房服務與管理 / 孫茜 主編. -- 第一版.
-- 臺北市 : 崧博出版 : 崧燁文化發行, 2019.02
面 ; 公分
POD版

ISBN 978-957-735-647-5(平裝)

1.旅館業管理

489.2 108001288

書　名：飯店客務客房服務與管理
作　者：孫茜 主編
發行人：黃振庭
出版者：崧博出版事業有限公司
發行者：崧燁文化事業有限公司
E-mail：sonbookservice@gmail.com
粉絲頁　　網　址：
地　址：台北市中正區重慶南路一段六十一號八樓 815 室
8F.-815, No.61, Sec. 1, Chongqing S. Rd., Zhongzheng Dist., Taipei City 100, Taiwan (R.O.C.)
電　話：(02)2370-3310 傳　真：(02) 2370-3210
總經銷：紅螞蟻圖書有限公司
地　址：台北市內湖區舊宗路二段 121 巷 19 號
電　話:02-2795-3656　傳真:02-2795-4100　網址：
印　刷　：京峯彩色印刷有限公司（京峰數位）

定價：500 元
發行日期：2019 年 02 月第一版
◎ 本書以POD印製發行